Osprey Aircraft of the Aces

BF 109 Aces of North Africa and the Mediterranean

Jerry Scutts

Osprey Aircraft of the Aces
オスプレイ・ミリタリー・シリーズ

世界の戦闘機エース
5

メッサーシュミットのエース
北アフリカと地中海の戦い

[著者]
ジェリー・スカッツ
[訳者]
阿部孝一郎

[日本語版監修] 渡辺洋二

大日本絵画

カバー・イラスト／イアン・ワイリー　　フィギュア・イラスト／マイク・チャペル
カラー塗装図／クリス・デイヴィ　　　　スケール・イラスト／マーク・スタイリング
　　　　　　　ジョン・ウィール
　　　　　　　キース・フレットウェル

カバー・イラスト解説
北アフリカ戦線で「アフリカの星」と謳われた第27戦闘航空団のハンス=ヨアヒム・マルセイユは、1942年春以降その輝きを増していった。エクスペルテとその武器Bf109Fの絶妙な組み合わせは空戦の相手を圧倒し、マルセイユは連合軍のキティホークやハリケーンの隊列を蹴散らしながら、砂漠での100機撃墜一番乗りを目指してまっしぐらに進んだ。

凡例
■ドイツ空軍の航空組織については以下のような日本語呼称を与えた。
　Luftflotte→航空艦隊
　Fliegerkorps→航空軍団
　Fliegerführer→方面空軍
　Fliegerdivision→航空師団
　Geschwader→航空団
　Stab→航空団本部
　Gruppe→飛行隊
　Staffel→中隊
このうち、本書に登場する主な航空団に以下の日本語呼称を与え、必要に応じて略称を用いている。また、ドイツ空軍では航空軍団と飛行隊の番号にローマ数字を用いており、本書もこれにならった。
　Jagdgeschwader（JGと略称）→戦闘航空団
　Lehrgeschwader（LGと略称）→教導航空団（教導戦闘航空団は「(J)LG」と略称）
　Kampfgeschwader（KGと略称）→爆撃航空団
　Schnellkampfgeschwader（SKGと略称）→高速爆撃航空団
　Stukageschwader（StGと略称）→急降下爆撃航空団
　Zerstörergeschwader（ZGと略称）→駆逐航空団
　Schlachtgeschwader（SGと略称）→地上攻撃航空団

■イタリア空軍およびイタリア休戦後の「イタリア社会主義共和国」空軍の航空組織については以下のような日本語呼称を与えた。
　Gruppo Caccia→戦闘大隊
　Squadriglia→飛行隊

■搭載火器について、ドイツ軍は口径20mmまでを機関銃（MG）、それより口径の大きなものを機関砲（MK）と呼んだが、本書では便宜上、20mm以上を機関砲と表記した。

翻訳についての覚え書き
本書のカラー塗装図解説に登場するRLM色番号は、ドイツ航空省（Reichsluftfahrtministerium、略称RLM）が航空機用塗料各色に与えた番号を示す。この番号は各種航空機の塗装を管理し、迷彩などに関する公式指令を行うためのものである。

翻訳にあたっては「Osprey Aircraft of the Aces 2　BF 109 Aces of North Africa and the Mediterranean」の1998年に刊行された版を底本としました。[編集部]

目次 contents

頁	章	タイトル
6	1章	ドイツ戦闘機隊、砂漠へ desert jagdflieger
16	2章	アフリカの星——ロンメル軍団とドイツ戦闘機隊 'star of africa'
28	3章	ある時代の終焉——敗色のアフリカ end of an era
56	4章	新たな敵 new adversaries
66	5章	イタリア戦線の崩壊 italian debacle
75	6章	「第27戦闘航空団 AFRIKA」 jagdgeschwader 27 'afrika'

頁		
86		付録 appendices
86		地中海戦域におけるドイツ空軍のBf109保有機数 1941〜1944年
87		北アフリカと地中海戦域におけるドイツ戦闘機隊パイロット
89		メッサーシュミットBf109戦闘機——要目
34		カラー塗装図 colour plates
92		カラー塗装図解説
50		パイロットの軍装 figure plates
99		パイロットの軍装解説

chapter 1
ドイツ戦闘機隊、砂漠へ
desert jagdflieger

　1940年6月11日にイギリスとフランスへ宣戦を布告した直後から、イタリアの独裁者ベニト・ムッソリーニは、中東へ兵力を進める際に重要な鍵を握るイギリス軍基地が所在するマルタ島への空爆を開始した。地中海交易路の交差点に位置するマルタ島の存在は、この島を領有した国がイタリアから北アフリカへかけての北から南に続くルートと、ジブラルタルからアレクサンドリアさらにスエズ運河へと至る東西ルートの両方を支配できることを意味した。

　イタリアの空爆はまったく予想されていなかったわけではなく、当初これに対して一握りのシー・グラジエーターが迎え撃った。それがたった3〜4機による抵抗にすぎなくても、イギリス軍はイタリア軍を相手に可能なかぎり奮戦した。その後1941年1月までの7カ月間におよぶイタリア空軍（レジア・アエロナウティカ）の攻撃ははげしかったが、マルタ島の防御網を突き崩すことはできなかった。1940年6月下旬には、攻勢にさらされたマルタ島増援のために、ハリケーンの第一陣が到着し［編注：船積みされた10機たらずのホーカー・ハリケーン戦闘機が、イギリスからフランス経由で6月21日にマルタへ着いた。その後、マルタ島の重要性を認識したイギリスは、8月に「ハリー作戦」を実行。これは空母でマルタ島付近までハリケーンを運び、そこから空路自力で敵の包囲を突破するというものであった。以降、数度にわたって増強されたハリケーンにより編成された第261スコードロンは、開戦後、地中海で新編成された最初のイギリス空軍（RAF）戦闘機部隊となった］、一方、12月までにはドイツ空軍（ルフトヴァッフェ）がイタリア軍へ加勢するべくシチリア（シシリー）島へ進出。それまでノルウェーに配備されていた第X航空軍団がシチリアに移動してカターニアに司令部を置き、傘下の部隊はパレルモ、トラーパニ、ジェラ、コミソの各飛行場に展開した。

　当初、ドイツ空軍の在シチリア戦力は急降下爆撃機と双発爆撃機、それに支援用のメッサーシュミットBf110だけに限られていた。しかし1941年2月に第26戦闘航空団第7中隊（7./JG26）に属する14機のメッサーシュミットBf109E-7/Nがシチリアに到着したときから、地中海の航空戦は新たな局面を迎えることになった。第26戦闘航空団の分遣隊は到着してほとんどすぐにマルタ島空爆の援護任務に就き、さらにそれとは別の任務も遂行した。イギリス空軍の防衛態勢の不備をついた

右頁上●メッサーシュミットBf109E-7/N、"白の3"に搭乗するカール・ラウブ曹長は第26戦闘航空団第7中隊に所属し、1944年12月14日に戦死するまでに7機撃墜の記録をもつ経験豊富な下士官パイロットであった。地中海地方の高温によるタイヤゴムの劣化を防ぐために被せられた主車輪カバーに注目。この機体には黄色いカウリングに描かれた目立つ赤いハートの第7中隊章と、コクピット前方に「シュラーゲター」の「S」をかたどった航空団記章の両方が記入されている。

北アフリカの西部砂漠に拡大する戦いの「露払い」を務めた戦闘機は、第26戦闘航空団「シュラーゲター」第7中隊に所属する一握りのBf109E-7/Nであった。エクスペルテのヨアヒム・ミュンヘベルク中尉に率いられた同中隊の14機は、1941年2月9日にシチリア島ジェラの飛行場へ到着し、主としてイタリア空軍機によるマルタ島空爆の支援にあたった。写真はマルタでのハリケーン撃墜に成功して帰還直後、エースを讃える伝統的な月桂冠をもった機付整備兵のひとり（右端で一部画面の外）から祝福を受けようと、愛機から降りるミュンヘベルク中尉。"白の12"のアンテナマストに付けられた、中隊長を示す金属製の白いペナントに注目。

Bf109Eは、マルタの飛行場を自由に機銃掃射しただけでなくハリケーンをやすやすと撃墜した［編注：1941年2月12日、ホーカー・ハリケーンが2機が落とされ、これがマルタ戦域でBf109Eに撃墜された最初のハリケーンとなった］。守備陣にとってはイタリア空軍だけでなく、ドイツ空軍の爆撃が加わったことで、それまで強いられていた不自由な生活が一層悪化することになった。

イギリス空軍戦闘機が幾度となく迎撃に上がり、攻撃側が無傷で爆弾を投下できるのはまれであったにもかかわらず、個別の戦闘ではBf109E相手に歯がたたなかった。連合軍パイロットの多くは戦闘経験が乏しく、乗機のハリケーンはほとんどが使い古しの旧型だったからである。Bf109Eを間違いなく撃墜したと申告するパイロットは多かったが、ドイツ側記録によるとこの当時マルタ攻撃に参加したヤークトフリーガー（Jagdflieger＝ドイツ空軍戦闘機パイロット）の生残率は奇跡的といってもいいほど高かった。撃墜はおろか撃破されたBf109Eさえほとんどなく、ヨアヒム・ミュンヘベルク中尉が率いる一握りの第26戦闘航空団第7中隊機は、マルタ島の航空戦で次第に主導権を握るようになった。

マルタ島の守備陣にとっては幸運なことに、ヒットラーが4月6日にバルカン半島へ侵攻することを決めたため、第26戦闘航空団第7中隊を含む在シチリア空軍兵力の大部分がその侵攻作戦に参加することになり、第7中隊はユーゴスラヴィアを行動半径内に収めるイタリア本土に移動した。ドイツ空軍はこれと同時にギリシャへまで侵攻の手を広げたため、第26戦闘航空団「シュラーゲター（Schlageter）」のBf109Eから逃れることができたマルタは、つかの間の休息を満喫した［編注：1941年3月25日、ドイツの外交的圧力に屈したユーゴスラヴィアは、三国同盟への加入に同意したが、27日、クーデターでドイツに反旗を翻した。ヒットラーはかねてから計画していたギリシャに加え、ユーゴスラヴィアをその侵攻計画に加え、4月6日、ドイツ軍はユーゴスラヴィアとギリシャへの攻撃を開始。ユーゴスラヴィアは同月14日に降伏。ギリシャでは南進するドイツ軍に追われたイギリス軍が、22日から海路による撤退を余儀なくされ、30日に脱出を完了する］。しかし、4月9日、ミュンヘベルクの第7中隊はシチリアへと舞い戻ってきた。

4月27日、マルタ島周辺でいつもの高高度制空任務に就いていたミュンヘベルク中尉とその有能な僚機のミートゥシュ中尉は、サンダーランドが係留地に近づくのを発見した。

中●第26戦闘航空団第7中隊はシチリアに移動する途中でバルカン半島に短期間滞在した。ここでは氏名不詳の戦闘機乗りが、日ごろ慣れ親しんでいるBf109よりはるかに非力な輸送機関である、ロバの扱いを試しているところ。不慣れな乗り物ゆえに、この若いパイロットは予期せぬグラウンド・ループに対して十分警戒しているように見える。右側に立つこの「ロバⅠ型」の本来のパイロットは、ことの成り行きにいくらか困惑しているようだ。

下●第26戦闘航空団第7中隊は前年（1940年）夏の「イギリス本土航空戦」期間中に、壮烈な戦いぶりで名声を得たころ駐留していたカフィエから、アヴェヴィル・ド・リュカに移動したのちにシチリア島に派遣された。同中隊はシチリアに駐留していた短期間に、マルタ島防衛の任に当たっていたイギリス空軍のハリケーン飛行隊を大いに苦しめた。

その飛行艇はイギリス空母HMS「アーク・ロイヤル」から発艦したハリケーン編隊をマルタの飛行場へ誘導する役目を終えたところだった。そこへBf109Eが襲いかかった。サンダーランドを炎上させるには1航過で十分で、すぐに残骸と化した。これは第26戦闘航空団が破壊した2機目のショート社製飛行艇であった。彼らはひと月前に係留地で1機を沈没させ、もう1機のサンダーランドに損傷を与えていた。

　ミュンヘベルクはマルタ上空で引き続き勝利を収め、5月1日には39機目と40機目のスコアにあたる2機を撃墜した。第26戦闘航空団第7中隊が地中海戦域に展開していた期間は限られていたが、その間に守備側の戦意を大いに低下させた。5月25日にミュンヘベルクは7機のBf109Eを率いて、マルタの主要なイギリス空軍基地であるタカリ飛行場に低空地上掃射を敢行し、そのすぐれた指揮官としての能力を見せつけた。通常行われない南側からの侵入で守備陣を驚かせ、2航過したあとには到着して間もない第249スコードロンのハリケーンMk.Iが5機炎上していた。それはマルタ島遠征で十分すぎるほどの戦果を得た、ミュンヘベルク流の別れの挨拶であった［訳注：第7中隊は6機から成る分遣隊を5月末からギリシャへ派遣し、残りの本隊はリビアに移駐した］。

　ドイツは2月にムッソリーニを助けるための増援部隊を地中海方面へ送り込んでいた［編注：1940年7月にエチオピアで侵攻を開始したイタリアは、9月13日に北アフリカのリビアで地上部隊をエジプトへむけて進発。イギリス軍を敗走させるが、同月18日に進軍を停止して、エジプト領内のシディ・バッラニに前進基地を築いた。12月9日、イギリス軍の反撃が開始され、1941年初旬にはリビアへ侵攻。1月22日にはトブルクを占領した。イギリス軍はその後もキレナイカの海岸線と内陸両方面から進撃を続け、2月7日シルテ湾のベダ・フォムに追いつめられたイタリア軍を降伏させ、13万人の捕虜を得る。ベタフォムの戦いから2週間後、ヒトラーによってリビアのイタリア軍支援とキレナイカの奪回を命じられたエルヴィーン・ロンメル中将が空路トリポリに降り立ち、14日にドイツ・アフリカ軍団（DAK）の第一陣が同地に到着した］。このときまでにアフリカ植民地のイタリア軍にとって情勢は次第に不利になってきており、アフリカから駆逐される危険性さえあったのだ。エジプト全土をイタリアの支配下に置くというムッソリーニの遠大な計画は、実行に移される前に挫折しそうだった。のちに明らかになることだが、ギリシャとエチオピアに侵攻するムッソリーニの勇ましい計画は、驚くべきことにヒトラーへは事前に知らされていなかったのである。しかし、イタリアとの「鉄の団結」の合い言葉の下で、ヒトラーは確固たる計画がなかったにもかかわらず、同盟国の植民地支配者に軍事援助を与える義務を感じていたのだった［編注：1941年3月下旬、ロンメルはついに進撃を開始して連合国軍の最前線であるシルテ湾のエル・アゲイラに達し、31日、連合軍の拠点であるメルサ・エル・ブレガを攻略。続いてアジュダービヤーを攻撃し、撤退するイギリス軍を追って4月11日にはついにトブルクを包囲した］。

　4月には第27戦闘航空団第I飛行隊（I./JG27）がトブルク西方のアイン・エ

右頁上●空のドラム缶に囲まれ、胴体下面に落下タンクを取り付けられた砂漠仕様のBf109E-7 tropは第27戦闘航空団I飛行隊本部の所属で、シチリアの飛行場を出発する直前のシーンである。パイロットがダイムラー＝ベンツDB601エンジンの操作をチェックしている間、整備兵たちはプロペラにあおられて巻き上がった砂などに当たりながらも、浮き上がらないように尾部を押さえつけている。(Schroer)

1941年4月初め、シチリアのカターニアでの撮影。第27戦闘航空団第7中隊長で騎士鉄十字章受章者のカール＝ハインツ・レートリヒ大尉(手前左で書類をもった人物)が、リビアのアイン・エル・ガザラに向けた長距離洋上飛行を前にして部下に戦況を要約し、指示を与えている。(Schroer)

右頁中●ドイツ空軍に長期間従軍したもっとも有能な士官のひとりでもあるエードゥアルト・"エドゥ"・ノイマン大尉は、砂漠の戦い初期の比較的平穏な時期に第27戦闘航空団第I飛行隊を率いていた。この写真のノイマン大尉は典型的な砂漠用制服に身を包んでいる。「規律より快適さを」はリビアで戦闘機乗りが飛行服を選ぶ際のモットーとなっていた。

右頁下2葉●第27戦闘航空団第I飛行隊が北アフリカの西部砂漠に到着した際、部隊が正式にその戦域に配備されたことを示す控え目な式典が執り行なわれた。左の写真はこれを記念して旗を捧げ持っているところ。第I飛行隊章である有名な「アフリカ大陸に豹と黒人」のエンブレムが描かれた真新しい塗装のBf109E-7 tropは、おそらくアイン・エル・ガザラで行なわれたと思われる、その式典に相応しい背景となった。

この式典を記録したのは、第27戦闘航空団第I飛行隊とともにリビアに派遣された、空軍カメラマンである。残されたフィルムの大部分には、第3中隊のBf109E-7 trop"黄の4"がさまざまな角度からとらえられている。これは、第I飛行隊の21機に塗られたもっとも初期の砂漠迷彩パターンを、数十年後の我々に教えてくれる貴重なフォト・ドキュメントである。機体の汚れはまだ、排気ガスによるものが翼付根の胴体部分に見られるのみ。写真のBf109はリビアに到着して数日後のものであり、パイロットがまだ新しい戦場に不慣れだったため、この時点までほとんど作戦に参加していなかったのだ。

ル・ガザラ飛行場に進出し、19日には最初の出撃を記録した。アフリカ本土に派遣されたドイツ空軍戦闘機隊の存在は、イギリス軍によってリビアのキレナイカ地方におよそ10カ月にわたって封じ込められていたイタリア地上軍の救いともなった。

北アフリカ
North Africa

第X航空軍団の指揮のもと、第27戦闘航空団第I飛行隊傘下の3個中隊は強靭で臨機の才がある飛行隊長エードゥアルト・ノイマン大尉に率いられ北アフリカに進出した。第I飛行隊は戦闘経験豊富なパイロットが多数を占め、すでに多くの撃墜スコアをあげている者もいた。6機撃墜の"エドゥ"・ノイマン自身を含め、ルートヴィヒ・フランツィスケット中尉(14機撃墜)、カール=ヴォルフガング・レートリヒ中尉(10機撃墜)、ヴィリ・コトマン少尉(7機撃墜)などは手慣れた愛機のBf109E「エーミール」[訳注：Emil＝ドイツがBf109E型につけた愛称]で砂漠に進出したが、いずれもこの機敏な戦闘機で「西ヨーロッパ電撃戦」と「イギリス本土航空戦」を戦ってきた。ノイマンの戦闘経験はさらに長く、スペイン内戦に派遣されたコンドル軍団でBf109Dを駆って、人民戦線政府軍機を2機撃墜していた。

彼と同様の印象深い戦闘記録をもつパイロットはほかにもいた。この時点でもっとも撃墜数が多かったのはゲーアハルト・ホムート中尉の15機であった。ホムートから何番目かうしろには7機撃墜のハンス＝ヨアヒム・マルセイユ士官候補生がいた。第I飛行隊傘下の第1中隊(1./JG27)はレートリヒ中尉、第2中隊(2./JG27)はエーリヒ・ゲルリッツ大尉(3機撃墜)、第3中隊(3./JG27)はホムート中尉がそれぞれ中隊長を務めていた。第I飛行隊全体の総撃墜数は、砂漠に進出した時点ですでに97機に達していた。

保有機数は1個飛行隊の標準的な約40機にすぎなかったが、第27戦闘航空団第I飛行隊は連合軍の航空作戦に非常に大きな脅威となる様相を呈していた。この方面の戦場では、どの地域でもおおむね「イギリス本土航空戦」の使い古しハリケーンがイギリス空軍の戦闘機として枢軸軍の矢面に立っていた。イギリスはドイツがドーバー海峡からのイギリス本土侵攻作戦を計画している限り、中東には低い優先度を与えざるを得なかったのである。第27戦闘航空団がリビアで作戦を開始するまでに、わずかな増援機が何とかエジプトに

送られてくるようになった。しかし連合軍は保有機数ではドイツ側に勝り、枢軸国側が増援部隊を送ってもまだ優位を保てるはずであった。

地中海沿岸に位置し、トブルクとその西方のトミミに挟まれたバンバ湾に面するアイン・エル・ガザラに基地を設営した第27戦闘航空団は、トブルク東方のガンブトに前進基地を設けた。そして日中は1個中隊がそこから作戦出撃し、夜になるとアイン・エル・ガザラに引上げることにした。ドイツ空軍当局が砂漠地帯への進出をあまり考慮していなかったため、当初パイロットたちは地元のアラブ人や、なんとユダヤ商人からも衣類を含む身の回りの品々を購入していた。その後パイロットたちは官給品の制服やほとんどつねに着用していた軽い夏用装備に、必要に応じてもっと暖かい服を組み合わせて着るようになった。

アフリカで長期滞在を意図する人は、日中は高温でも夜になると決まって冷え込むということを忠告される。しかし、北アフリカの西部砂漠とはいえ大部分の飛行場が所在した地中海沿岸地域の気候はそこそこ快適であった。むしろ、ドイツ軍が痛感したのは主要な陸揚げ港として使ったトリポリとベンガジが、ドイツ本国から伸びきった補給線の末端に位置するため装備と機材がつねに不足している、という現実だった。空軍機の予備部品不足がいつも問題となり、整備は工具、重量物用クレーン、自動車などの不足に苦しめられながら野外で行われた。

ほかの戦域ではBf109Eが時代遅れになっても、第27戦闘航空団の任務遂行には十分使えた。このことは最初の敵機撃墜後にはっきりと分かった。そして、「エーミール」ですでに数百時間の飛行経験を有するパイロットにとっては、どんな欠点でも簡単に修正がきく上に、強い愛着を感じる機体だった。

砂や埃が多い環境下の運用でBf109Eのエンジン損耗を減らすため、多くの砂漠向け改造が1940年に実施された。それらはダイムラー=ベンツDB601エンジンの過給機吸入口に付けるサンドフィルター、潤滑油冷却能力の向上、発電機の冷却などであった。さらに300リッター落下燃料タンク装備用の取付金具も追加され、パイロットたちが火災の危険から嫌っていたにもかかわらず落下タンクは洋上の長距離飛行で必需品となっていた。しかし第27戦闘航空団では北アフリカ進出の際に落下タンクを使いはしたが、その後、ほとんど使うことはなかった。

■ 有効な戦術
Sound Tactics

ドイツ空軍の戦闘機パイロットは急降下爆撃機や双発爆撃機を中、低高度で護衛する任務をたびたび命じられたが、護衛される爆撃機より高い高度から援護するというルフトヴァッフェの教義はよく守られていた。また、スペイン内戦でその有効性が大いに証明されたフィンガー・フォア編隊[訳注：親指以外の4本の指を拡げた状態で、指先に相当する位置に4機を配置する編隊形]を採用し、Bf109Eは通常2機編隊の「ロッテ(Rotte)」、あるいは4機編隊の「シュヴァルム(Schwarm)」という少数機で作戦した。哨戒にあたっては1800mの

右頁上● シュトゥーカの護衛は第27戦闘航空団の砂漠における任務のなかでも大きな比重を占めていたが、やっかいで難しいものであった。1941年4月に撮影されたこの写真では、第27戦闘航空団第Ⅰ飛行隊付副官のルートヴィヒ・フランツィスケット中尉のBf109E-7 tropが第2急降下爆撃航空団第4中隊所属のJu87B-2と編隊を組んでいる。このBf109は1941年4月に第27戦闘航空団がリビアに展開した際、フランツィスケット自身の操縦でシチリアから飛来したものである。写真が撮影された同月下旬には、方向舵へ14機の撃墜スコアが記入されているはず。

右頁中● 第27戦闘航空団第2中隊長のエーリヒ・ゲルリッツ大尉は、1941年5月中は"黒の1"に搭乗し、最終撃墜数は15機であった。写真はアイン・エル・ガザラ飛行場を緊急発進する大尉のBf109E-7 trop。

アフリカにおいて第27戦闘航空団の整備はたいてい野外で行なわれた。タキシングや離陸途中に、金属を摩耗させる目の細かい砂がエンジンに吸い込まれるとDB601を壊す可能性があるため、過給機吸入口に付けられたサンドフィルターはきわめて重要な部品であった。砂漠での戦いのあいだ、砂による害はつねに問題となった。

右頁下● リビアの不毛の地を飛行するBf109E-7 tropのロッテ(2機編隊)。作戦行動中にパイロットが砂漠でパラシュート降下するような状況となった場合には、その灼熱でたちまち死に至る。そのため、第27戦闘航空団は救出に使うフィーゼラー・シュトルヒを多数保有していた。

飛行高度が好まれ、太陽の角度とつねにたちこめている塵埃によって、これより低く飛ぶ者より優位に立てる日の出から10時まで、あるいは16時から日没までのあいだに実施された。こういった時間帯は急降下爆撃機の搭乗員にとっても有利に作用し、彼らはしばしば発見されずに目標までたどり着いて、守備側が気づいたときにはすでに手遅れとなる始末であった。

エルヴィーン・ロンメル中将のアフリカ軍団を空から支援する戦力であった第27戦闘航空団は、しかし、独自の作戦立案に当たっては驚くほどの柔軟性と自由度をもっていた。たびたび行われる作戦出動、とりわけ自由行動の余地が多い索敵攻撃任務では、地上軍への支援は、距離を保った間接支援に終始した。ドイツ戦闘機隊の乏しい戦力を使ってイギリス空軍の攻撃力を削ぐには、地上やそれよりは安全な空路によるドイツ軍補給線をイギリス空軍が攻撃するときを狙う方が、ずっと効果の上がる運用方法と思われた。またこの方法は第27戦闘航空団第Ⅰ飛行隊のエクスペルテ［訳注：Experte（独語）。本来の意味は「専門家」であるが、ここでは戦闘経験が豊富で、多数の敵機を撃墜した戦闘機パイロットのことを指し、連合軍におけるエースとほぼ同様の意味で使われた。複数形はExperten／エクスペルテン］たちにとっても、敵編隊に不意打ち攻撃を仕掛けるのに都合がよかった。

ドイツ軍は低空飛行中の連合軍機を迎え撃つだけでなく、地上目標の爆撃や機銃掃射をする連合軍機にも犠牲を強いた。地上目標に対する機銃掃射は両軍とも多用した戦術であったが、それに投入される搭乗員と軍用機の損失や燃料、機材の損耗を招いた。しかし運動性にすぐれた戦闘機をこうした

任務に投入すれば、動きの鈍い爆撃機を使う場合よりも人員、機材ともに少ない損害で目的を達成できることがわかったため、戦闘機は地上攻撃にも用いられていた。

　そんなことで1941年に北アフリカの砂漠での対戦相手は、爆撃機や偵察機より戦闘機の方がずっと多かったため、ドイツ戦闘機パイロットのあげた撃墜戦果の大半が戦闘機で占められていたことは驚くに当たらない。また、旧式のブリストル・ブレニム、ボーフォート、マーチン・メリーランドといった機種に対する撃墜記録は、これらの機体が最初の数カ月で早々と出番を失ってしまったためか、少数に止まっている。

　両軍とも補給は海上輸送に頼っていたため、北アフリカの砂漠における3年におよぶ戦いのあいだ、主戦場はリビアの沿岸地域や港のある町、その近くの飛行場などにほぼ限定されていた。沿岸を通る1本の道路が両軍にとって生命線となり、支配地域の拡大が戦車、戦闘車両、兵員の迅速な増強につながった。

　結局、対峙した地上軍の戦いを継続させるには、枢軸軍、連合軍ともに燃料と潤滑油の補給を維持することが不可欠で、両軍の死命を制した。なんとも皮肉なことだが、第二次大戦後は世界有数の産油国となる地での戦闘にもかかわらず、戦争に必要な燃料、潤滑油などは戦っているその当地から得ることができなかった［訳注：リビアで油田が発見されるのは、1959年のことである］。ドイツ空軍の場合はドイツから油槽船でトリポリに送られてきた。燃料は飛行場ではドラム缶に入れて積み上げられ、偵察機の目を欺くため上から偽装網を被せるか、この方がずっと好まれたが温度を低く保つためにも地下に穴を掘って保管された。また、同様の理由で、兵員用にも猛暑を避けるための地下施設が設営された。

砂漠の飛行場は敵に所在地を知られていたため、ドイツ軍はすぐに土地の状況に良くあった迷彩塗装を機体に施した。このBf109E-7 tropも、大部分のBf109に適用された、非常に効果的な緑の斑点を上面に塗られている。しかし、海上の飛行では逆に目立つため適切とはいいがたいようだ。

トブルク
Tobruk

　1941年4月までアフリカ軍団はトブルク要塞へ向けて進撃しており、町は実質的にドイツ空軍の勢力下に置かれていた［編注：このときトブルクの海路はまだ連合軍とつながっていたため、完全に封鎖したわけではなかった］。戦闘機隊の基地が置かれたアイン・エル・ガザラはその港町から西にわずか13kmほどしか離れておらず、繰り返し防御陣地を爆撃する第2急降下爆撃航空団第II飛行隊（II./StG2）のユンカースJu87B-2を援護するのに便利だった。これに対し連合軍はドイツ軍陣地に対する爆撃と地上掃射で反撃し、戦闘機編隊による攻撃はたびたび阻止された。イギリス空軍と南アフリカ空軍（SAAF）の飛行隊の採った戦術は多くのドイツ戦闘機乗りを驚かせた。ドイツ側のよく訓練され自由度の大きいフィンガー・フォア編隊に対して、連合軍の編隊はあるパイロットの言葉を借りると「ブドウの房のように」不格好な群れをなして飛んでいた。連合軍パイロットはその機会があるときはいつでも、ハリケーンの旋回性能に秀でた運動性を利用して防御円陣［訳注：縦列隊形のまま円を描いて旋回することで互いの背後を守るという戦術］を組んだ。ドイツ軍戦闘機乗りのうちで自らの命を賭して円陣を突破できるだけの強靭な神経をもった者

アフリカ大陸に重ねた黒人の顔と豹の頭。第27戦闘航空団第I飛行隊章はリビアでの作戦に応じて制定されたとよくいわれるが、実際はBf109が北アフリカに進出する1年近く前にデザインされたものである。それは当時の飛行隊長ヘルムート・リーゲル大尉が旧ドイツ領南西アフリカの生まれだったため、第三帝国で信奉された植民地奪回の意識を多分に反映したものであった。

は、円陣のなかの標的を順々に屠っていった。ほかのパイロットのなかには、円陣弾幕にさらされる恐怖を克服し、連合軍側の防御円陣戦術を歓迎していたマルセイユのすぐれた腕前に感化を受けた者もいた。

　ドイツ軍戦闘機隊が採った戦術の根幹は速度であった。格闘戦を避け、降下して射撃後ただちに離脱する一撃離脱戦法を用いることは、滅多に変える必要がない基本行動原理で、北アフリカの砂漠ではきわめて有効であった。澄み切った砂漠の気候は警戒に当たるパイロットの助けとなり、連合軍機が気付くより先に目標を発見し攻撃することで勝利を得ることができた。撃墜された機体から立ち上ぼる煙や残骸が、単調な地上の風景のなかでかなり遠くからでもみえた。ドイツ軍戦闘機乗りたちは自らの手で落とした敵機の残骸の検分に赴き、狩人の伝統にのっとり残骸から記念の品々を持ち帰った。

　ドイツ軍は何倍もの編隊に対する手段はほかにないと考えていた。すぐれた戦術がたびたび勝利をもたらしたが、敵戦闘機あるいは爆撃機編隊をさんざんに蹴散らすだけのBf109を揃えられることは滅多になかったため、両軍ともに決定的な戦果をものにできなかった。

　同様のことは地上軍についてもいうことができ、戦車勢力の均衡が取れている場合はどんな決戦も避けることができた。しかし連合軍はロンメルの猛攻にさらされつつも、秘かに空陸の戦力の協調を整えつつあった。これはドイツ軍にはとうとうできなかったことである。

　一方、ドイツ空軍はイタリア空軍の援助を享受しており、イタリア軍はイギリス空軍とは異なり補給物資の供給量を大幅に増やす有力な輸送機部隊を保有していた。だいたいにおいてドイツ軍とイタリア軍はうまく協調して戦った。しかし、使用機のせっかくの好性能も戦術がまずいため、みすみす勝利の機会を逃しているという見方も広く存在した。これはイタリア空軍が1941年秋に性能のすぐれたマッキC.202を導入した際、とくに当てはまった。

　ロンメルがトブルクを占領しようとする試みを一時的に放棄してから［編注：5月4日、ロンメルはトブルク要塞への攻撃をいったん休止して、包囲したまま持久戦に転じた］、地上戦の様相は攻勢と反攻の繰り返しとなり、連合軍は多くの作戦で限定された規模ではあるが攻勢に転じることになる。そうしたふたつの作戦とは「ブレヴィティ（簡潔）作戦」と「クルセーダー（十字軍戦士）作戦」である［編注：「ブレヴィティ作戦」は1941年5月15日に開始された。このとき連合軍側はリビアとエジプトの国境に位置するハルファヤ峠を一度は奪回するもの

1940年5月10日から1941年4月19日までのあいだに、第27戦闘航空団第Ⅰ飛行隊のあげた100機の撃墜戦果が、正確かつ念入りに記入されたスコアボード。第Ⅰ飛行隊の地中海戦域における最初の撃墜は、大戦開始以来同飛行隊の97番目の撃墜に相当し、餌食となったのはヴィリ・コトマン少尉が撃墜したハリケーンMk.Ⅰであった。これは少尉自身の7機目のスコアでもある。（J. Weal）

のロンメルの反撃により、同月中にはふたたび失っている。「クルセーダー作戦」の推移については17頁を参照]。成功したとは言い難い作戦であったが、これらはアフリカ軍団の包囲を目指す小規模な攻勢の始まりを意味した。しかし連合軍が決定的な戦果を得るのは、増援兵力と戦車が到着してからのことだった。

第27戦闘航空団はリビアへ到着早々、巧みな戦術で勝利を得ていた。しかし、そのときから、ドイツ軍にとってさらに重要な作戦の開始に向けて、時計の針は進み始めていたのだった。

そして、ギリシャにおいて輝かしい戦果をあげた第27戦闘航空団第Ⅱ飛行隊がドイツへ帰還し、第Ⅲ飛行隊は5月5日にシチリアへ移動した。

シチリア島で撮影された、まだ汚れのないBf109 E-7 trop。敵味方識別目的のため機首とスピナーを黄色に塗られている。この塗装は地中海戦域において第27戦闘航空団第Ⅰ飛行隊が使用した初期のBf109Eに適用されていた。パイロットが手にもっているのは、信号弾のついた弾帯。出撃の際は、これを飛行長靴の上端に縛り付けて飛ぶ。(J. Weal)

▎クレタ島
Crate

地中海における戦火が広がると、この方面の大部分の兵力を近く始まる対ソ連戦に振り向ける前に、ヒットラーはクレタ島の攻略を決意した[編注：ドイツの侵攻により1941年4月22～30日にかけてギリシャを脱出したイギリス軍は、クレタ島の守備隊に加わっていた]。第Ⅷ航空軍団が実施した空挺部隊による同島攻略は、第77戦闘航空団の第Ⅱ、第Ⅲ飛行隊(Ⅱ./JG77、Ⅲ./JG77)と、第2教導戦闘航空団第Ⅰ飛行隊(I./(J)LG2)の総勢119機のBf109Eによって援護された。攻撃は5月14日に始まったが、空中戦はたいして発生しなかった。敵戦闘機を追い払うか、あるいは撃墜するかしたのち、Bf109Eは空挺部隊のために、降下猟兵(ファルシルムイェーガー)が降りる地点をできる限り安全に確保すべく働いた。さらに地上掃射が何度も実施された。しかし、イギリス軍が防御陣地を固め塹壕に隠れていたため、対空砲火による損害は、短時間で終了した空中戦によるものと比べて、ずっと大きかった。第77戦闘航空団は第52戦闘航空団第Ⅲ飛行隊(Ⅲ./JG52)の増援を要請したが、増援部隊が到着する前に島の大部分はドイツ軍の手に落ちた[編注：1941年5月20日、ドイツ軍はクレタ島に対し空挺部隊による大規模な急襲攻撃「メルクーア作戦」を実行。大量の戦力を空から送り込まれた連合軍は同月末に撤退を余儀なくされる]。

クレタ島周辺の暖かな海では、Bf109E-4/Bヤーボ(Jabo＝戦闘爆撃機)がイギリス海軍に対する最大の勝利を収めた。第77戦闘航空団のBf109は5月22日に戦艦HMS「ウォースパイト」を撃破し、巡洋艦HMS「フィージー」を撃沈した。(J)LG2のパイロットたちは、まだクレタ島でイギリス軍の抵抗が続いているあいだに、エジプトからクレタに向かったハリケーンMk.Iを途中で3機撃墜する活躍を見せた。そしてドイツ軍は空挺部隊に甚大な損害を受けながらも、6月初めまでにクレタ島を完全に制圧した。

かくして第77戦闘航空団は、ソ連とのあいだでまもなく始まる新たな戦いのため東ヨーロッパに赴き、第52戦闘航空団もそれに続いた。リビアでは4月に第27戦闘航空団が大活躍したあと、作戦出動回数が減ったことに安堵していた。6月にリビアに移動した第26戦闘航空団第7中隊と、第27戦闘航空団第Ⅰ

飛行隊が交替で日々の哨戒飛行をこなしながらも、ドイツ軍は武器貸与法(レンドリース)に基づきアメリカからイギリスへ送られた新型戦闘機が、同月までに北アフリカへも登場したことに注目していた。カーチス・トマホーク(アメリカ軍のP-40B/Cに相当)とキティホーク(同じくP-40D/E)は連合国間の協力関係を示す先駆けであり、6月以降は機数がさらに増加していた。カーチス戦闘機は北アフリカに派遣されたオーストラリア、イギリス、南アフリカの各空軍で使われたが、評価は必ずしも高いとはいえなかった。だが、7月15日にキティホークⅠとⅠAを装備の南アフリカ空軍第2スコードロンが登場し、イギリス空軍第250スコードロンもそれに続いたことは、第27戦闘航空団の保有機をBf109Fへ機種更新する要請をベルリンに発するきっかけとなった。キティホークは、2挺の12.7mmと4挺の7.7mm機関銃を装備したトマホークより強力な、12.7mm機関銃を4挺(キティホークⅠ)か6挺(キティホークⅠA)装備していた。

南アフリカ空軍第2スコードロンのキティホークは、初出撃でJu87シュトゥーカの編隊を発見した。しかしこの急降下爆撃機を攻撃しようという矢先に、8機のBf109Eの攻撃を受けた。14機のキティホークはいずれも撃墜を免れたが、この空中戦で、ドイツ空軍戦闘機パイロットに、新型のカーチス戦闘機はおそれるに足らずという手応えを与えた。一方南アフリカ空軍のパイロットも同様な結論に達した。

ドイツ空軍はキティホークに関して「Bf109を狩ろうなどとはとんでもない機種」と簡潔に述べている。キティホークが北アフリカに到着したころまでには、南アフリカ空軍の指揮官たちも、ドイツ空軍戦闘機隊の高度と太陽光を考慮した頭脳的な戦術を使い始めており、18000フィート(5500m)までの高度をとるよう部下に指示していた。しかしこれは相手のドイツ側に連合軍機と対戦する直前でなく、離陸後すぐに高い高度へ上昇するという対抗手段を採らせる結果を招いた。連合軍は高度11000m近くまで上昇できるBf109Eのすぐれた性能を見落としていたことが明らかになり、少なくともしばらくのあいだは、連合軍機すべてが空中戦では不利なままであった[訳注:トマホーク、キティホークの実用上昇限度はいずれも10000～9000m以下]。

ミュンヘベルクは、第7中隊がフランスへ帰還する前の7月29日に、彼の47、48機目に当たる2機のトマホークを撃墜した。第26戦闘航空団第7中隊がシチリアに進出してから1941年8月にリビアを離れるまでの総撃墜数は52機に達した。その間に連合軍の手で1機のBf109も撃墜されなかったことは、中隊の総撃墜数とともに特筆される。

北アフリカに引き続き駐留した、単発戦闘機を装備する唯一の戦闘航空団という重要性にもかかわらず、第27戦闘航空団がBf109Fを受領したのは西ヨーロッパ駐留の戦闘航空団よりあとのことだった。そのため、傘下の各中隊と同様にこの第27戦闘航空団第Ⅱ飛行隊本部も1941年夏までずっとBf109Eを使い続けた。ブルガリアのウルバで早春に撮影されたこの第Ⅱ飛行隊にBf109Fが配備されるのはかなり先の話であった。手前はグスタフ・レーデル中尉のBf109E-7/N、製造番号4180で、真中のBf109E-7/N、製造番号4148は飛行隊長ヴォルフガング・リッペルト大尉の乗機である。(Crow)

上のリッペルト大尉機尾部のクローズアップ。1941年春までにあげた21機の撃墜スコアがみる者に強い印象を与える。彼はリビアに進出後、1941年11月23日の空戦で瀕死の重傷を受け捕虜となるまでさらに4機のスコアを重ねた。しかしその傷がもとで同年12月3日に死亡した。(Crow)

chapter 2

アフリカの星──ロンメル軍団とドイツ戦闘機隊
'star of africa'

1941年秋まで北アフリカの地上戦は小康状態を保っていた。そのため、第27戦闘航空団は第Ⅰ飛行隊を中隊ごとにドイツ本国に呼び戻し、Bf109E-7 trop（tropは砂漠仕様をあらわす）からF-4 tropに更新する余裕ができた。この機種改変の最中にあった9月下旬、東部戦線にいた第Ⅱ飛行隊が地中海方面に戻ってきた。独ソ戦開戦直後の10日間に39機のソ連機を撃墜した第27戦闘航空団第Ⅱ飛行隊は、飛行隊長ヴォルフガング・リッペルト大尉に率いられ、飛行隊には21機撃墜のグスタフ・レーデル中尉を筆頭に、20機撃墜のリッペルト大尉、9機撃墜のオットー・シュルツ上級曹長、8機撃墜のエルンスト・ディルベルク中尉といったエクスペルテンがいた。

リビアに展開したドイツ空軍はこのときまでにどんな連合軍の攻勢にも対処できるだけの戦力をもったと見なされており、アイン・エル・ガザラとガンブトにBf109の部隊が、トミミに第2急降下爆撃航空団第Ⅱ飛行隊のJu87B-2、デルナに第26駆逐航空団第Ⅲ飛行隊（Ⅲ./ZG26）のBf110Dが駐留していた。部隊の保有機を隣接した多くの基地に分散配備するというドイツ空軍の標準的な手法にのっとり、こうした飛行場に加えてトミミ西北のマルトゥバとシルテ湾入口に面したベンガジが代替飛行場として使われ、交替で分遣隊が駐留した。どの飛行場をとってみても、戦闘機の運用に支障がないように適切なグレードの燃料が用意されており、北アフリカの大抵の主要基地は少なくともふたつ（北と南）の駐機場から成っていた。

ここでの航空作戦は他の戦域と同様に気象状況に左右された。天候が飛行におおむね適しているときは両軍とも待ち構えているため、不意打ちになることはめったになかった。砂嵐の発生は予想できたため、ある程度被害を予防することは可能だったが、土砂降り雨は飛行場をあっという間に水浸しにし、溜まった水が地中に吸い込まれるか蒸発するまで何日間も飛行不能となった。

1941年9月26日の朝、第27戦闘航

一進一退を繰り返す砂漠の戦いでは、両軍とも修理可能な機体を敵戦線内に遺棄せざるを得ない状況を生み出し、とりわけドイツ軍は飛行機を輸送できる大型車両の不足に苦しめられ、不確かな情報伝達にも泣かされた。写真のBf109F-4 tropは1941年遅くにアイン・エル・ガザラで、再使用可能部品を全部抜き取られ、整然とならんだ状態で連合軍に発見されたもの。数週間後にはアフリカ軍団が同飛行場を奪回して、これらの機体はドイツ軍の手に戻ることになる。第27戦闘航空団の保有する大部分のBf109E tropは、元の塗装を環境に合った砂漠迷彩に塗り直されたものだったが、Bf109F tropは初めから砂漠迷彩に塗られていた。また、どちらも通常は胴体後部に作戦戦域を表す白帯を巻いていた。写真手前の"白の3"は第Ⅲ飛行隊を表す縦棒を帯の前に記入している。

現地で塗装された緑色の虎縞模様迷彩は多数の第27戦闘航空団所属機に広まった。写真はその虎縞模様迷彩機のそばで次の緊急発進のために待機しているパイロットたち。それとも単に、日除けヘルメットを被った連中がカード遊びを終えたところか？

砂漠ではどんな動きでも、決まって小規模な砂嵐を引き起こすため、出来るだけ短時間で離陸しようとエンジンを高速回転させたシュヴァルムの緊急発進は、ひどく目立つことになってしまう。第27戦闘航空団第I飛行隊がリビアに展開したばかりの時期に撮影されたこの写真は、4機のBf109E-7 tropがアイン・エル・ガザラ飛行場で離陸滑走を始めてから数秒後の状態であり、どの戦闘機も砂埃の航跡を盛大に引きずっている。

空団第II飛行隊は東部戦線から砂漠に移動して初めての索敵攻撃に出撃したが、この日は会敵できなかった。北アフリカに進出して以来最初の撃墜を記録したのは10月3日のことだった。第II飛行隊のBf109Fは午前中にブク・ブク付近で、ハリケーン戦術偵察機とその護衛のハリケーンから成る編隊を発見し、ホルスト・ロイター軍曹がハリケーン1機を撃墜した。正午には燃料補給を終えたばかりの南アフリカ空軍第2スコードロンのキティホーク12機がいたシディ・バッラニを急襲したが、敵機は攻撃を避けるため大急ぎで離陸した。ドイツ軍機の放った弾丸は降下速度が速すぎたため目標を超えてしまい、素早く離脱するBf109に向かって、D・レーシー中尉は乗機のキティホークが脚引き込みの途中にもかまわず一連射を浴びせた。このまぐれの一撃でドイツ側はパイロットが戦死し、機体は墜落した。これは連合軍が入手・調査できた実質的に最初のBf109Fとなった［訳注：ドイツ側記録によるとこの日喪失したBf109Fはなく、10月17日にシディ・バッラニでおそらく対空砲火により撃墜されたと推定されるフランツ・シュルツ中尉機の損失と混同しているものと思われる］。第II飛行隊のBf109Fはその日の遅くには、もはやお馴染みの獲物となったハリケーン戦術偵察機に襲いかかった。こうした偵察機はアフリカ軍団にとって大きな脅威となるため、ドイツ軍は発見し次第つねに迎撃へ向かっていた。したがってこのときも偵察機には厳重な護衛がつき、ハリケーンが周囲を守りトマホークが上空援護に当たっていた。ドイツ側記録によるとこの戦闘でレーデル中尉とシャハト少尉がトマホークを1機ずつ撃墜したことになっているが、実際は第112スコードロンのトマホーク1機が撃墜されただけであった。

あるドイツ空軍戦闘機乗りは日記のなかで、砂漠の戦いの第一印象と空戦の様子を次のように記した。

「ほとんどいつも攻撃の主導権は我々が握った。原則として2機、4機あるいは6機のBf109で、12機から20機の敵と対戦した」

連合軍の戦闘管制官は自軍戦闘機の弱点を十分認識していたが、砂漠の空戦ではきまって低空飛行が要求され、その多くはきわめて近距離の飛行であった。高度をとるため上昇中に、パイロットが地上に敵軍の隊列や戦車といった目標を発見するや否やただちに反転、降下して目標に向かうものだから、むやみに上昇するのは時間と貴重な燃料の浪費だったのだ。

トブルクをうかがうロンメルに対抗して、イギリス第8軍は11月18日に「クルセーダー（十字軍戦士）作戦」を開始した［編注：イギリス第8軍がトブルクを陸上から開放することを目的に行った作戦。当初はイギリス側機械化旅団の連携が悪く、戦局はロンメルの有利に展開した。しかし、英

砂漠での空の戦いが気性に合っていると感じた第27戦闘航空団パイロットのひとりにハンス＝ヨアヒム・マルセイユがいた。彼はすぐれた視力に裏付けされた鋭い一撃を持ち味としたが、1941年春のバルカン半島侵攻作戦中に撮られたこの写真のBf109E trop（これは彼が使った多くのBf109Eのうちの1機であり、ヨーロッパ戦域迷彩に塗られている）に開いた大きな穴でわかるように、いくつかの失敗も経験した。このときマルセイユはまだ士官候補生であり、旺盛な戦意にもかかわらずもう何カ月も少尉になれないままでいた。(Weal)

連邦軍はしだいに力を盛り返し、包囲を破って12月10日にトブルクへ入る。これを阻止できなかったロンメルは、エル・アゲイラまで後退した］。これは砂漠の戦いにおけるそれまでの連合軍の攻勢では最大規模であり、反撃するには準備不足のためロンメルは退却を余儀なくされた。

ロンメルの不平
Rommel's Criticism

　ドイツ空軍戦闘機隊は連合軍陣地を爆撃するシュトゥーカの護衛と索敵攻撃任務の両方に就いていたにもかかわらず、ロンメルは空軍がアフリカ軍団に対して十分な支援を与えていないと感じていた。事実、リビアに派遣された空軍を指揮していたアフリカ方面空軍司令官のシュテファン・フレーリヒ少将は、この件に関しほとんどいつもロンメルと衝突していた。クルセーダー作戦はドイツ陸軍と空軍のあいだに亀裂をもたらし、ロンメルはのちにフレーリヒをアフリカから追い出すことになる。上層部から徐々に広がった感情的対立は驚くには当たらないが、こうした行動は関係を修復する助けになるはずもなかった。

　ロンメルとフレーリヒの軋轢は、この戦域にある限られた数の空軍機と戦車に端を発していた。連合軍の継続的な補給を妨げるに足る数のBf109がなかったため、ドイツ空軍戦闘機隊は散発的な攻撃を余儀なくされていた。そうしたなかで敵にかなりの損害を与えた例は、11月20日に第27戦闘航空団第I飛行隊機が護衛を伴わない南アフリカ空軍第21スコードロンのマーチン・メリーランド爆撃機9機を攻撃し、4機を撃墜したことにみることができるが、このうち3機はハンス＝アルノルト・シュタールシュミット少尉が撃墜した。この日の空戦は連合軍にとっては「暗黒の木曜日」として知られ、第21スコードロンの日誌には次のごとく記されていた。

　「どんな相手が攻撃してきたのか我が軍にはほとんどわからなかった。機首から尾翼まで機関銃弾が雨あられと降り注いだ。生還したある銃手によれば、ドイツ戦闘機の編隊は『比類のない正確さ』で襲いかかるひとりの名手（シュタールシュミットのこと）に率いられていた。メリーランド編隊は爆弾を投棄して編隊を密にし、速度を得るため急降下したが、間に合わなかった。シュタールシュミットは復讐鬼のように後続の編隊に襲いかかった。真ん中のメリーランドが攻撃の矢面に立った。片翼から炎が吹き出したが、燃え広がる前にその機体の銃手は1機のBf109を撃墜した。その後メリーランドは墜落して地面に深い溝を刻み、搭乗員は全員戦死した。ドイツ軍機は次の編隊に攻撃を向けた。我が飛行隊に配属されていたひとりのアメリカ人銃手はシュタールシュミットを真似て1機のBf109に狙いを定めたが、彼の乗機は別のBf109に撃墜された。ドイツ軍機の次の攻撃は先頭の編隊に向けられた。1機が撃墜されたが、編隊は乱れず、攻撃したドイツ軍機は火に包まれた。いまやメリーランドは地表すれすれに逃げ回っていたが、シュタールシュミットは3機目のスチュワート少佐機も撃墜した。ドイツ軍機は容赦なく攻撃を続けた。4機のメリーランドを撃墜したあとで、彼らはマクドナルド中尉に狙いを定めた。機首を黄色く塗ったBf109はマクドナルド機を60マイル（約100km）も追跡した。マクドナルドが射弾を避けて機体を捻ったり、旋回したり、素早く退避行動をとるあいだに地獄のように恐ろしい銃火が降り注ぎ銃手を負傷させたが、何とか逃れて着陸することができた。しかし機体には何百という穴が開き、タイヤはほつれたリボンのようにボロボロとなっていたので機体は廃棄処分するしかなかった」

この日誌を記入した者はいくらか意気消沈しつつ、「我が飛行隊は作戦開始以来10組、40名の搭乗員を失った」と記している。

11月上旬、豪雨がドイツ軍前進基地を襲って地上に足止めする前に、はげしい空中戦が演じられた。それから地面が乾くまで約3日間待機を余儀なくされたあとで、Bf109はふたたびトマホークとはげしい戦いを繰り広げた。11月20日夕方ころの空戦で、連合軍はハリケーン2機、カーチス戦闘機2機の損失と引き換えにBf109を2機とJu87を4機撃墜した。しかし2日後、第27戦闘航空団の戦闘機乗りたちはBf109の損失6機と引き換えに、トマホーク10機とブレニム4機を撃墜して借りを返した。この日トマホークが失われたのは、あの悪名高い防御円陣隊形を取ろうとしたためであった。この戦術の不利な点は、もしBf109のパイロットが円陣を突き破って内側に入り込み、より小さい半径で旋回を行えば、そのパイロットは多くの標的を狙える機会を得ることにあった。その一方で飛び込む側にも危険が伴い、円陣を組んだ敵はBf109Fの機関銃2挺＋機関砲1門に対して、その何倍もの数で狙いを付けてくるため、マルセイユのようなすぐれた技量をもったパイロットだけがつねにこうした戦法を採ることを許された。そしてエクスペルテのなかで、もっとも才能豊かなマルセイユは、この方法でつねに獲物をたっぷりとせしめた。

いまやアメリカ製軍用機は続々と北アフリカの砂漠に登場し、ブレニムのような旧式機と交替しつつあった。そのひとつがダグラス・ボストン（アメリカ軍のA-20に相当）攻撃機であり、旧式なブリストル・ブレニムより全般的な性能はずっとすぐれていたが、撃ち落とされ難い機体というにはほど遠かった。その弱点をイギリス空軍に教えてくれた空戦が12月10日に起こった。この日、ボストン6機が護衛をともなわずにリビアを西に向かって爆撃に行く途中でBf109につかまり、2機が落とされさらに3機が基地までたどり着けないという損害を受けた。

この7日前には運命の振り子がほんの少し第27戦闘航空団第II飛行隊に傾いた事件があった。撃墜されて致命傷を負っていた飛行隊長リッペルト大尉が、連合軍野戦病院で死亡したのである。

この時点までにクルセイダー作戦はかなりの進展を見せ、連合軍は12月上旬までにはトブルクへ向けて進撃していた。同月7日には、アイン・エル・ガザラを過ぎて退却する枢軸軍とともに、第27戦闘航空団はおよそ8カ月間使用していた同地の飛行場をあとにしてマルトゥバへ逃れ、最近アフリカに到着したばかりでマルトゥバに駐留していた第53戦闘航空団（JG53）はデルナに撤退した。

南アフリカ空軍がドイツ軍と同じ戦

1941年9月、作戦から帰還したパイロットがベルトを外すのを手伝うため近寄る地上整備兵たち。このBf109E-7 tropの迷彩はのちのBf109F tropには多く見られるが、E型としてはきわめて珍しく上面をタン単色に塗られている。豊富な経験にもかかわらず、ドイツ戦闘機パイロットは数で勝る連合軍に対して次第に劣勢となり、時間が経つにつれて状況はどんどん悪化していった。

勝利者の餌食。マルセイユは獲物に対しプロの狩人としての関心をもっていたため、撃墜した敵機の残骸調査によく出向いた。第213スコードロンに所属していたこのハリケーンMk.IAは1942年2月に彼が撃墜した機体。記念品漁りたちがイギリスの国籍標識とコード・レターが記入されていた羽布をすでに持ち去ったあとだった。急速に旧式化しつつあったホーカー・ハリケーンは、1941年夏にはもはや旋回戦闘で自在に飛び回るBf109E-7 tropの敵ではなかった。その8カ月後、このエクスペルテの操縦するBf109F-4 tropの敵となり得なかったかたのはいうまでもない。

スクランブルに上がる"白の6"を駆るこの第27戦闘航空団第1中隊のパイロットは、Bf109E-7 tropにとって完璧な離陸角度を取っている。一見簡単そうにみえるが、離陸中のこの時点ではどんな失敗も困惑をまねき、最悪の場合には事故に結び付く。写真をよくみると、離陸滑走中にはサンドフィルターのシャッターをきっちりと閉じているのがわかる。離陸後ただちに、パイロットは過給機が吸入する空気の流入を妨げないようシャッターを開けるはずだ。

戦友が失われた際にはいつも悲哀が戦闘の勝利による意気高揚に取ってかわる。エクスペルテが撃墜されたとき、それはさらに強く感じられた。1941年12月13日に第27戦闘航空団第1中隊のアルベルト・エスペンラウプ上級曹長はエル・アダム付近でラジエーターに被弾したのち、敵の戦線の背後に不時着。捕虜になるを厭う彼はすぐに脱走を図ったがただちに射殺された。この写真ではすでに記念品漁りたちが、方向舵の撃墜スコアの描かれた部分を切り取っている。

術を使いだしたのはこの12月のことだった。第1スコードロンはルーバーブと呼ばれたドイツ軍と同様の2機編隊による一撃離脱戦法を採り始め、たがいを援護するこの戦術が落伍機や大編隊を相手にしたとき理想的なことに気付いた。同月13日、連合軍がカーチス戦闘機、ドイツ軍はBf109Fが多数参加してこの時期に典型的な大空戦が起きた。マルセイユは2機、エーリヒ・クレンツケ上級曹長とゲーアハルト・ホムート中尉が1機ずつ撃墜し、第53戦闘航空団のヘルマン・ムンツェルト少尉はブリストル・ボーフォートを1機撃墜。第53戦闘航空団のカール・フォッケルマン少尉が負傷した。この空戦で撃墜された者のなかに、第27戦闘航空団第I飛行隊のエクスペルテで14機撃墜のアルベルト・エスペンラウプ上級曹長がいた。捕虜となった彼は脱走を図ったが失敗し射殺された。エスペンラウプは西側連合軍の捕虜となって殺されたドイツ軍パイロットの数少ないひとりで、4月にアフリカに進出してから戦死するまでに記録した撃墜数は14機であった。

進撃してくる連合軍のため今度はデルナが放棄され、第53戦闘航空団は機材、装備をまとめて退却していった。基地を去る前に地上要員たちは管制室の壁に「俺たちはきっと戻ってくる。クリスマスおめでとう!」という落書きを残していった。しかし、いまや燃料が危険なまでに欠乏したため、ドイツ戦闘機隊は押しまくられている地上軍を支援する掃討攻撃をほとんど実施できなくなった。

さらなるマルタ島攻撃
More Malta Strikes

南部方面軍総司令官として、アルベルト・ケッセルリング元帥は地中海戦域に在る全ドイツ軍部隊を統括する立場にあった。彼は11月にブルーノ・レルツァー大将の第II航空軍団が東部戦線から移動し、自分の指揮下に編入されるのを歓迎した。レルツァーは第53戦闘航空団の3個飛行隊全部と第3戦闘航

第27戦闘航空団第Ⅰ飛行隊のこのBf109E-7 trop "白の12"はPeilG Ⅳ方向探知器を装備し、胴体下面の膨らみはそのアンテナカバーである。このカバーはプレキシグラス製で、その内側に250〜400キロヘルツの周波数帯域を使うPeilG Ⅳのアンテナが張り付けられている。1941年6月にトリポリで撮影されたといわれているこの鮮明な写真では、航続距離を約1.7倍に延伸する落下タンクもよくわかる。

空団第Ⅱ飛行隊(Ⅱ./JG3)を引き連れてきた。これらの部隊はまったく新たな段階を迎えたマルタ島攻撃で活躍することになる。

12月中旬にシチリア島へ移駐した第53戦闘航空団は、男爵位をもつギュンター・フォン・マルツァーン少佐が航空団司令官(Ⅰ./JG53)を務め、第Ⅰ飛行隊長ヘルベルト・カミンスキ大尉、第1中隊(1./JG53)長フリードリヒ=カール・"トゥッティ"・ミュラー中尉、ヘルベルト・ロルヴァーゲ軍曹、ヴォルフ=ディートリヒ・ヴィルケ大尉といった著名なエクスペルテが含まれていた。彼らはすでにかなり多くの撃墜記録をあげていたし、第53戦闘航空団のパイロットは大抵が1機以上を撃墜していた。

マルタ島攻撃作戦は第53戦闘航空団第Ⅲ飛行隊(Ⅲ./JG53)が押され気味の第27戦闘航空団増援のため、12月11日にシチリアからリビアへ移動を命じられるまでは、本格的には始まらなかった。東部戦線にいた第27戦闘航空団第Ⅲ飛行隊も北アフリカへ派遣され、砂漠の戦いが始まって以来初めてここに第27戦闘航空団の3個飛行隊がすべて揃った。第27戦闘航空団司令官はベルンハルト・ヴォルデンガ少佐が務め、航空団本部は第Ⅲ飛行隊と同じ飛行場に駐留した。第Ⅲ飛行隊では伯爵位を持つエアボ・フォン・カーゲネク中尉が65機を撃墜してトップに立っていた。第27戦闘航空団に新たな飛行隊が加わり戦力が増強されたことで砂漠の戦いは激化し、連合軍機にとっては作戦遂行にともなう困難が倍加した。

第27戦闘航空団第Ⅲ飛行隊が作戦を開始するのと入れ違いに、第53戦闘航空団第Ⅲ飛行隊が12月17日にシチリア島へ戻って行った。しかしシチリアに到着早々の24日に、同飛行隊はフォン・カーゲネクが致命傷を負うという大きな痛手を受けた。それでもマルタでのハリケーンとの空戦はドイツ戦闘機乗りの撃墜スコアを増加させ、その一方で自軍爆撃機の損失を減らしていた。

兵站は、進撃を続けるか、あるいは燃料節約を目的に戦闘規模を縮小するかを選択する上で、両軍にとって等しく大きな影響をおよぼすため、地上戦はどこでもすぐにその影響を受け始めた。ドイツ空軍が実施したマルタ島攻撃に連合軍戦闘機が釘付けになっているあいだは、地中海を横切るJu52編隊による補給に邪魔が入らなくなったため、ロンメルはかなり早くから優勢に転じることができた。アフリカ軍団が戦車用燃料を新たに確保したためロンメルはもう一度進撃を開始し、1942年1月中旬までには連合軍はアイン・エル・ガザラに向けて退却していった。1月28日にはついにトブルクも陥落した。かつてド

1941年秋までに第27戦闘航空団第II飛行隊は最初のBf109F-4 tropを受領し、第I飛行隊に合流するため北アフリカに向けて出発した。この"白の11"の優美な形をした機首には有名な「ベルリンの熊」をあしらった第II飛行隊章が描かれ、さらにコクピット横には翼が根元から折れたイギリス機を図案化した第4中隊章が記入されている。この写真はアフリカに向けて出発するちょうど1週間前の、9月16日にドイツのデーベリッツで撮影された。機体にはすでに砂漠迷彩が塗られている。(Crow)

イツ空軍が使用していたマルトゥバ、トミミ、デルナもドイツ軍に再占領され、先陣を切って飛行場に到着した者は連合軍が残していった物量に驚いた。数カ月前には進撃してくるイギリス第8軍のため、ドイツ空軍はデルナに100機以上の軍用機を遺棄し大急ぎで撤退した。しかし彼らはふたたびび戻ってきたのだ。

いまや第27戦闘航空団の戦闘機パイロットにとって標的は多すぎるくらいで、彼らはその好機を逃すことなく活用した。1月14日に第II飛行隊は、ようやくフィンガー・フォア隊型を採り入れ始めたイギリス空軍第94スコードロンのハリケーンに襲いかかり、短時間のうちに4機を撃墜した。驚くべきことに、4機ともホルスト・ロイター軍曹の戦果だった。だが、連合軍にとっては幸運なことに、これからさらにスコアを増やそうという矢先の5月27日、ロイターは撃墜され捕虜となった。この時点で軍曹の撃墜数は21機に達していた。

このころ急激に撃墜機数を延ばしていったパイロットのなかに第27戦闘航空団第I飛行隊のホムートとマルセイユ、第II飛行隊のオットー・シュルツがいた。事実、マルセイユは2月8日に1日で4機を撃墜して通算40機に達し、砂漠ではトップに躍り出た。

エクスペルテが戦友たちよりも早いペースで撃墜数を増やしていく、という現象は砂漠に限ったことではなかった。こうしたエクスペルテを戦友が祝福し、少しでも近付こうと努力し、機会があればいつでも撃墜の手助けをすることはドイツ戦闘機乗りにとって団結心の発露であった。トップ・エースを目指す競争は、マルセイユのすぐあとをホムートとシュルツが追う展開を見せ、ホムートが2月9日、通算40機に達した。その6日後にシュルツは第94スコードロンのキティホークと空戦し、多数を撃墜する成功を収めた。キティホークにとってはシュルツがマルトゥバを離陸するところを襲ったので、簡単に仕留められるはずであった。すでに述べたように、同飛行隊はハリケーンで飛んでいた1月に第27戦闘航空団によって手酷い目にあっていたが、今回のキティホークはそれよりもっと酷い目にあった。シュルツは5機を撃墜し、そのなかには当時アフリカにおける連合軍のトップ・エースだったE・M・"イムシ"・メーソン少佐も含まれていた。

25歳という実際の年齢より若く見える、第27戦闘航空団第5中隊のエルンスト・ベルンゲン少尉がリビアへの飛行を前に準備を行っているところ。海面に不時着するような事態になったら不可欠の、カポックを詰めた救命胴衣を結んでいる。第27戦闘航空団第II飛行隊は9月24日にデーベリッツを発ち、リビアに向かった。(Crow)

空戦が白熱した場合によくあるように、2月14日には混乱が絶頂に達した。少なくとも32機の枢軸軍機が参加したこの日の混戦で、イギリス空軍は20機を撃墜したと主張した。しかし実際はドイツ軍のBf109に損害はなく、イギリス軍がBf109と見誤ったイタリア軍のマッキC.202が3機撃墜され、マッキC.200が2機撃破されただけであった。

これまでの功績に対しマルセイユとシュルツに騎士鉄十字章が授けられたが、第27戦闘航空団ではすでにホムート、レーデル、フランツィスケット、レートリヒが佩用していた。シュルツは2月下旬に第II飛行隊を離れて、ドイツで士官に任官するための教育を受けることになった。

1942年3月中に最初のスピットファイアがマルタ島に到着した［編注：イギリスから到着したスピットファイアによって第249スコードロンが編成され、3月10日に、最初の出撃が行われた。これはスピットファイアがイギリス本土以外を基地とするはじめての作戦となった］。もっとも、そのスーパーマリン製戦闘機がドイツ軍戦闘機と対戦したときの状況をみるかぎりでは、イギリス軍にとって事態がただちに好転する様子はうかがえなかった。Bf109は穴だらけになったマルタ島の空を、あいかわらず敵を探し求めて自由に飛び回り、弱体化したイギリス守備陣は塹壕に隠れ殲滅を図るすべての試みに抵抗した。しかし、ドイツ空軍がいつも幸運を独り占めしていたわけではなく、このときまでに40機の撃墜戦果をあげていたヘルマン・ノイホフ少尉が4月10日に僚機に誤って撃たれて捕虜となり、14日には第3戦闘航空団第Ⅱ飛行隊長のカール=ハインツ・クラール大尉がルカ飛行場で対空砲火により撃墜されて戦死した。このころになると実地訓練のおかげでイギリス軍の対空砲火はきわめて正確になり、ドイツ軍の脅威となっていた。

■つかの間の小康状態
Briff Lull

　地上戦がまたまた周期的な手詰まり状態に陥った時期に、ドイツ空軍は航空戦の規模が縮小したことを歓迎した。各中隊は日替わりでロッテかシュヴァルム規模の警急当番を務め、迎撃指令が出されてから30秒以内に離陸できる態勢で待機した。少しでも警戒措置を緩和すると、地上に釘付けにされて爆撃や機銃掃射に遭うか、ドイツ側戦線の背後に駐機している飛行機や燃料集積地の破壊を目的に活動していたイギリス空軍遊撃部隊（SAS）の襲撃を招いた。

　早期警戒情報がすべて各基地内だけに限定して処理されていたわけでなく、それらを統合するためマルトゥバには防衛迎撃指揮所が設置され、作戦室と管制室があった。ほかの管制網と同様に最大限の安全を確保するため、こうした施設は地下に設けられていた。空戦を地上から指揮する無線管制官は、大きな地図の上に透ける紙を載せてそこに攻撃側と迎撃機の位置を記入して、すでに在空している迎撃機に敵の動向を知らせた。だが、ドイツ空軍とイタリア空軍はリビアの航空戦で協調関係を保っていたにもかかわらず、イタリア軍は独自の作戦室と管制室をもち、ドイツ軍はそこに連絡将校を配置していた。

　すでにクレタ島周辺の海域でその威力を発揮していた、ドイツ軍ヤーボは、その後も目覚ましい戦果をあげ、第27戦闘航空団はこの作戦に即応する態勢を整えた第10中隊を専任に当てていた。小さな勢力であ

第Ⅱ飛行隊がBf109EからF型に機種更新しつつあった時期に、第Ⅰ飛行隊傘下の各中隊は中隊ごとにドイツへ帰投し、やはりBf109F-4 tropに機種更新した。北アフリカの戦いでは、Bf109Eの性能に関する不満はパイロットからほとんど出なかったものの、より性能が向上した連合軍の戦闘機、爆撃機が登場すると、ドイツ戦闘機隊にもこれに対抗出来るだけの性能を持った戦闘機が必要とされた。第27戦闘航空団第Ⅰ飛行第1中隊に属するこのBf109F-4 tropは、DB601Eエンジンが咳き込むような音を立てて息を吹き返した直後、機付整備兵がたった今用済みとなった始動用クランクを手にもち、プロペラで巻き上げられた砂埃のなかを退避するところを写真に撮られている。

軽武装のBf109Fはドイツ空軍戦闘機隊の要求に完全に合致したとはいい難いが、Bf109の各型のなかでは一番反応が機敏であった。砂漠ではハンス=ヨアヒム・マルセイユよりすぐれたBf109Fのパイロットはほとんどいなかったので、"黄の14"が記入された彼の4機ほどの愛機は有名となった。写真は、「アフリカの星」と謳われたベルリン生まれのこのエクスペルテが1942年2月21日に49機目と50機目を撃墜し、彼が使った最初のBf109F-4 trop、製造番号8693から降りるところ。

っても戦闘爆撃機による攻撃は彼我の戦力均衡を崩し、多数の敵機を地上で撃破あるいは損傷させた。

1942年5月には、ロンメルと不仲になったフレーリヒ将軍に代わってオットー＝ホフマン・フォン・ヴァルダウ少将が、アフリカ方面空軍司令官となっており、その指揮下には、夜間戦闘機とアフリカ戦役の初期に目覚ましい活躍を見せた駆逐飛行隊だけでなく、第27戦闘航空団の3個飛行隊に属する92機のBf109Fと、マルトゥバの前進基地に駐留中のヤーボ8機があった。5月20日には第53戦闘航空団第Ⅲ飛行隊がリビアに戻ってくるのと同時に、同飛行隊長と第27戦闘航空団第Ⅱ飛行隊長の相互交換人事が発令され、グスタフ・レーデルが第27戦闘航空団第Ⅱ飛行隊長に、エーリヒ・ゲルリッツが第53戦闘航空団第Ⅲ飛行隊長に就任。第53戦闘航空団第Ⅰ飛行隊も東部戦線に派遣された結果、在シチリアのBf109部隊はいまや第53戦闘航空団第Ⅱ飛行隊のみとなり、少ない戦力を補うためイタリア空軍の協力が欠かせなくなった。

マルタ島攻撃は7月6日に、最近ハインツ・"プリッツル"・ベーア大尉が飛行隊長に迎えられたばかりの第77戦闘航空団第Ⅰ飛行隊がロシアから移動してきて、新たな段階に突入した。そのときまでに120機を撃墜し、授けられた勲章、報奨は数知れずというベーアは、地中海戦域ではそれまででもっとも輝かしい武勲を誇ったエクスペルテである。

5月にロンメルはアイン・エル・ガザラのイギリス軍防衛線とビル・ハケイムの自由フランス軍防衛線を攻撃し始めた。この戦いには両軍とも保有するほとんど総ての兵力を注ぎ込んだが、戦闘は6月に入ってもまだ続いていた。6月9日までにルフトヴァッフェはアフリカ軍団支援のため1030回の出撃を数えたが、そのほとんどがビル・ハケイムに向けられた。さらに最大規模の支援が10日に実施され、168機のBf109に援護された124機のJu87と76機のJu88がその陣地を爆撃した。北アフリカの砂漠でスピットファイアが初めて空戦に参加したのは、ドイツ軍の報告書によるとこの6月10日であり、その出現はこの戦域における連合軍戦力の増強につながる不吉な前触れであった［編注：イギリス空軍のスピットファイアが北アフリカで最初に行った出撃作戦は、第145スコードロンにより同年6月1日に記録された。しかし、6月10日まで敵機との空戦はなかった］。それにもかかわらず、ビル・ハケイムの守備隊は6月11日に降伏した。

通算撃墜数を91機としたマルセイユは6月10日に第3中隊長に昇進し、ホムートが第Ⅰ飛行隊長に転じ、同時に"エドゥ"・ノイマンが第27戦闘航空団司令官に任じられた。第53戦闘航

1942年9月にサンイェットで撮影されたBf109F-4 trop。F型の整った外形とともに、胴体下面にすっきりと取付けられた300リッター落下燃料タンクがよくわかる写真である。手前と、製造工場で記入された機体識別記号がそのまま残る後方の機体はともに、最近ドイツからここリビアへ到着したばかりである。

上の写真とは対照的にサンドフィルター先端の空気取入口を閉じた第27戦闘航空団第Ⅱ飛行隊のBf109F-4 trop。機首にかなり大量のオイル漏れが見られ、パイロットは、痛んだ乗機で無事着陸できたことに安堵したことだろう。

1942年始めトミミから警戒出動する、第27戦闘航空団第5中隊所属のBf109Fのシュヴァルム（右から順に"黒の4"、"5"、"3"、"10"）を撮影した連続写真の一葉。これはおそらくドイツ本国からやって来た特別な出版関係あるいはラジオの特派員のために演じたヤラセと思われるが、緊迫感は十分伝わってくる。この写真では数人の整備兵が始動クランクをエンジンに差し込み回して、DB601エンジンをゆっくりと目覚めさせている。一方、他の整備兵は操縦席のパイロットが座席ベルトを固定するのを手伝っている。

空団第III飛行隊とともに、第27戦闘航空団第I飛行隊はふたたび退却に転じた連合軍を追撃した。一連の相矛盾する命令が出された結果、第53戦闘航空団は6月20日にリビアへ戻るまで傘下の戦闘機が地中海全域に散らばってしまっていた。6月17日にマルセイユの撃墜数は101機に達し、総統自らが剣柏葉付騎士鉄十字章を授けるのでベルリンへ出頭するよう命じられた。西側連合軍機だけを100機撃墜した最初のパイロットとしてその勲章を授かる資格は十分あったが、柏葉付騎士鉄十字章を受章してからわずか12日しか経っていなかった。しかし、マルセイユがリビアを離れ2カ月の休暇に入る出発の前日の歓送気分は「アフリカの星」が101機目を撃墜した当日に、ライバルのオットー・シュルツがキティホークとの空戦で戦死したことで水をさされてしまった［訳注：この日、シュルツはハリケーン1機を落として撃墜記録を51機としていた］。

　ヒットラーに謁見したマルセイユは北アフリカの航空戦に関し自分の考えを述べる機会を与えられ、総統と交わした意見のなかには在アフリカ空軍とロンメルとの緊張した関係についても含まれていた。こうした意見がヒットラーにどのような影響をおよぼしたのかは明らかでないが、当時ヒットラーは対ソ戦に主な関心を向けていたため、ほとんど興味をもたなかっただろうと思われる。

　このころ、アフリカでは地上戦の進行が加速し始めた。ロンメルの攻勢はイギリス第8軍をエジプトへ追いやり、アフリカ軍団は6月19日にトブルクをふたたび占領。22日までガンブトを基地とした第27戦闘航空団第I飛行隊は、4日後にはシディ・バッラニに移動した。そこでは1台の給油車を発見しただけで食料は残されていなかった。空戦はさらに続き、26日にはフリードリヒ・ケルナー

エンジンの回転が上がり砂塵や地上に置かれた用具が吹き上げられる。整備兵たちは退避。このシュヴァルムは数秒後に発進を始めた。

が5機、シュタールシュミットが4機、シュロアーが3機撃墜を記録。6月27日、第Ⅰ、第Ⅲ飛行隊は支援設備が整っていないビル・エル・アスタスに移動し、29日にはさらにフカに移った。そこにはBf109用の燃料がまったくなく、さらに砂嵐が襲い何日間も地上に足止めされたため、エル・アラメインの戦いに参加の機会を逃した［編注：第一次エル・アラメイン戦。1942年5月、ガザラ戦の敗北によりマルサ・マトルーへと後退したイギリス軍は、さらに防備を強化するためにエル・アラメインの防衛線へと後退した。7月にはこれを追ったロンメルのドイツ軍とのあいだにルウェイサト尾根を巡る消耗戦が繰り広げられた。激戦の結果、連合軍はロンメルの進撃を止めることには成功するものの損害も多く、イギリス第8軍は13000人以上の死傷者を出す］。

前頁の写真の列線を反対端から撮影。第Ⅱ飛行隊所属の整備兵が"黒の10"のエンジン始動の信号を待っている。このBf109F-4 tropは製造工場で記入された機体識別記号をぞんざいに消した上に、機体番号を記入している。

　ドイツ空軍とアフリカ軍団、それにもちろん連合軍が、自軍をそれぞれ整理統合するあいだ、第27戦闘航空団はしばらくフカに止まった。しかし北アフリカ戦役のこの段階になると、地上のドイツ軍戦闘機は簡単に所在をつきとめられ、イギリス空軍だけでなく、エジプトで急速に勢力を拡大しつつあったアメリカ陸軍航空軍（USAAF）の重爆撃機からも爆撃された。改良されたBf109 G-2 tropが北アフリカのドイツ戦闘機隊でも使われ始めたが、大抵が訓練学校を卒業したばかりの新米パイロットによって操縦された。こうしたパイロットの多くは空戦にあたってベテランほどの狡猾さをもっていたわけでないため、「緊張からくる神経過敏と経験不足」を露呈した。連合軍のある機上偵察員は「彼らは遠距離から射撃を開始し、目標に近付いても射撃が不正確だった」と述べている。

　このころの空戦状況は、たとえエクスペルテといえども戦域全般に関する知識を得て、とくに敵の戦術に慣れてこつをつかみながら戦闘に望むことが必要だった。戦いの初期の段階では、まだパイロットが徐々に腕を磨いてゆける余裕もあった。だが、1942年半ばまでにそうしたぜいたくはもはや許されなくなっていた。ドイツ戦闘機乗りは日に数回の作戦出動を絶えずこなさねばならず、大抵の場合、会敵は避けられなかったのだ。

　一方、連合軍戦闘機パイロットの置かれた状況は、ドイツ空軍の状況と鮮やかな対比を見せていた。連合軍パイロットは規定の出撃回数を消化したあとは、期間をさらに延長するか、休暇を取る選択権をもっていた。イギリス空軍と英連邦諸国の多くのパイロットは二度、三度と出撃期間を延長していったが、そのほかの者は本国へ帰還し、後進の訓練に当たるか幹部として地上勤務に就いた。このシステムは、1942年後半からドイツ空軍内で徐々に見られるようになった「戦闘疲労」のような害を回避する上で有効だった。これに対してドイツ軍の採ったシステムが有利な点はただひとつ、個々のパイロットにとって、斃（たお）れるその日が来るまでは多くの経験を重ね続けることができるというそれだけであった。こうして、多くの最優秀戦闘機パイロットたちに死がおとずれ、新米パイロットが直面するであろう状況に役立つ知識が、受け継がれることなく失われていった。

　連合軍と対比を見せていた他の要素は昇進であった。ドイツ空軍の戦闘航

空団は本来、大佐が司令官を務めることになっていたが、中佐や少佐が司令官を務めることが少しも珍しくなかった。これに対して、イギリス空軍で規模が同程度の航空団指揮官は中佐が務めた。一般的にイギリス空軍よりドイツ空軍の方が低い階級でもより大きな権限をもっていたので、前線で部隊を維持していく責任は戦闘時にかなりの重荷となったが、大抵の指揮官は実戦に参加し続けた。連合軍の場合、進級後はほとんどが地上勤務に転じ、戦闘経験を他の者に伝える機会を得た。実戦に参加し続けたい者にとっては歓迎されなかったが、このシステムは新参者とベテランの双方の生残率を向上させるとともに、戦闘経験を広めるのに役立っていた。

イギリスにとって、ロンメルの攻勢は再度マルタの空戦を下火にし、シチリアの飛行場攻撃のためスピットファイアを送り出す余裕さえ生まれた。しかし8月には、戦いが次の段階に移行する前のつかの間の平穏が戻ってきた。

1941年12月までに第27戦闘航空団第III飛行隊は、先にリビアへ進出していた他の飛行隊と合流した。写真は第8中隊のBf109F-4 tropがエンジンの回転を上げているところだが、スピナーを外した状態で飛行する気は無いようだ。Bf109のスピナーは、プロペラ軸減速歯車あたりの整備のためいったん外したあとで、取り付けが難しいことがあり、ピッタリと合わせるために多大の苦労を払ったという苦心談をよく聞く。スピナーを外した状態でエンジンを回転させ機能確認することは時間短縮をもたらすが、その反面、砂が混入する危険性もあった。

モンゴメリーの登場
Montgomery Arrives

恐るべきバーナード・モンゴメリー中将がロンメルの進撃路に立ちはだかったことに関し、第27戦闘航空団に直接の責任があるのは、戦争で見られる皮肉な成行きのひとつであった。8月7日に第27戦闘航空団第II飛行隊のベルント・シュナイダー軍曹がゴット中将の搭乗したブリストル・ボンベイ輸送機を迎撃し、不時着させたのちに破壊した。このとき将軍はイギリス第8軍の指揮を取るため移動の途中であった。シュナイダーの機銃掃射でゴットは死亡し、代わりにモンゴメリーが第8軍の新司令官に任命されて、やがてアフリカ軍団にすぐお馴染みとなる「砂漠のネズミ」が活躍し始めることになった。8月31日、ロンメルがアデム・エル・ハイファに向け機甲部隊の新しい攻勢を開始する前に、エル・アラメインの周辺では空戦が始まった。そして、このちょうど一週間前、マルセイユはアフリカに戻ってきていた。

アフリカに帰任したマルセイユは不在のあいだに戦闘が激化し、敵の攻勢が強化されたことに気付いた。連合軍機がドイツ軍機甲部隊や、戦線後方の補給部隊を攻撃するときにいくつかのはげしい空中戦が起こった。また、ドイツ軍機はまだ地上にいるうちに連合軍機の襲撃を受け、多くの戦闘機、爆撃機が破壊された。さらに、枢軸軍はマルタ島を無力化することに失敗したため、マルタの基地から発進した連合軍機の攻撃で損害を出したのみならず、イタリアからの補給路は間断のない攻撃にさらされた。

ダバの前線飛行場を占領したイギリス第8軍は、この第27戦闘航空団第4中隊のBf109F-4 tropを含むドイツ軍機の墓場を発見した。連合軍がアフリカ軍団の防衛線を突破したとき、さまざまな修理段階にあったこれらの機体を遺棄せざるを得なくなり、ドイツ軍の戦闘機不足をより深刻にした。これら貴重な戦闘機はもはや補充されなかった。

約2カ月間の休暇から戻り、ふたたびBf109のコクピットに座ったマルセイユは、活力の消耗をともなう空戦に立ち向かった。そして9月1日は彼にとって記念すべき日となったのである。

chapter 3
ある時代の終焉──敗色のアフリカ
end of an era

1942年9月1日、第27戦闘航空団第Ⅱ飛行隊は早朝の索敵攻撃任務に出動した。7時36分に離陸した6機のなかにレーデル、ジナー、そしてこれまでに12機のスコアをあげていたヘルベルト・クレンツ上級曹長がいた。6機のBf109Fは約80機の戦闘機に護衛されたバルチモアとボストンの2編隊を見つけ攻撃に移った。爆撃機に接近しようとしたドイツ戦闘機は護衛の戦闘機に阻止され、それらと戦う羽目になった。ジナーは2機、レーデルは1機を撃墜したがクレンツの機体は炎につつまれ落ちていった。彼はおそらく第601スコードロンのスピットファイアの餌食となったものと思われる。このときドイツ軍は撃墜したスピットファイアをカーチス戦闘機と記しており、敵機識別に関してつねに正確とは限らなかったことがわかる。

8時40分には第Ⅱ飛行隊の別の4機が爆撃機8機、戦闘機20機と会敵した。ドイツ軍戦闘機パイロットは、ほぼ同時に規模の等しいもうひとつの敵編隊も発見したが、この空戦では双方とも被害を出さなかった。さらに10分後には30機からなるハリケーン編隊の発見が報告された。

この編隊は実際は第80スコードロンのハリケーン戦術偵察機1機と、護衛の南アフリカ空軍第1スコードロンのハリケーン12機から成っていた。偵察行の帰途にハリケーンの編隊は4機のBf109から攻撃を受けた。ドイツ軍機はおきまりの高度1800mから降下し攻撃してきたが、高度4500mでは第92スコードロンのスピットファイアが上空援護を務めていた。さらに10機のBf109が加わったことでハリケーン編隊は押され気味となり、上空援護機がシュトゥーカの編隊を攻撃のため呼び戻されたので、防御側にとって状況はさらに悪化した。南アフリカ空軍第1スコードロンのパイロットたちもやはりこの要請を聞いたが、自分たちも応戦で手一杯の状況だった。

Ju87の編隊には第27戦闘航空団

かなり多くのBf109は、この第27戦闘航空団第4中隊のF-4 trop（製造番号8635）"白の3"と同様に失われていった。同機はアルフレート・クルムラウフ曹長の乗機で、1942年9月20日に空戦で被弾しエル・ハマム近くに胴体着陸した。曲がったプロペラという明らかな損傷以外の損害箇所は、イギリス空軍士官が撮影者に向かって示している小さな被弾孔だけである。(Weal)

連合軍の敵機評価チームにとってBf109は真っさらの新型機とは言い難いが、捕獲された多数の機体が調査のために回収された。この傷ついたF-4 tropはおそらく牽引のため小型トラックに繋がれているところであろう。パネルの多くが無くなっているのはイギリス陸軍兵士が持ち去ったためと思われる。(B. Robertson)

多くのドイツ戦闘機隊が北アフリカの砂漠に短期間派遣されたなかで、第53戦闘航空団「ピーク=アス」(ドイツ語で「スペードのエース」のこと)は、傘下の3個飛行隊全部が1941年11月下旬から派遣され、長期間この戦域で戦っている。写真は第2戦闘航空団のFw190 2機とともに水溜まりのできたシチリア島の飛行場に駐機しているBf109G-2 tropで、航空団記章が描かれた機首には、緊急発進に備えてエンジン始動用クランクを差し込んだままにしてある。第2戦闘航空団所属機はフランスからチュニジアに移動する途中であった。

1942年11月にシチリアで撮影されたこの写真のBf109G-4 tropは第53戦闘航空団第7中隊に所属し、次の出撃に備え落下タンクに燃料を注入しているところである。全機が落下タンクを装備しており、これは戦況が不利になるとさらに広く使われるようになった。

第I飛行隊機が護衛についていた。しかし向かってきたスピットファイアのシュトゥーカに対する攻撃を阻止することができず、その結果シュトゥーカとBf109の双方とも損害を受けた。

マルセイユは8時45分から9時のあいだヨーゼフ・シュラング中尉を編隊僚機として、第27戦闘航空団第I飛行隊の13機および第III飛行隊の15機とともに他のJu87編隊の護衛を務めていた。16機の敵機に襲われたマルセイユとシュランクは敵編隊のなかに飛び込み、マルセイユは左旋回しながら射撃を開始した。彼はすぐに最後尾の敵機を撃墜し、続けてもう1機を落とし、シュトゥーカ編隊に戻る前に3機目を撃墜した。6機のスピットファイアが彼を追ってきた。先頭の敵機の放った弾丸はマルセイユの乗機を飛び越したので、マルセイユは乗機を左旋回させ、敵が前に出たときに射撃した。そのスピットファイアはすぐに墜落していった。マルセイユが4機を撃墜するのに要した弾丸は20mmが80発、7.92mmが240発に過ぎなかった。だが、この空戦に参加したドイツ戦闘機乗りがみな彼のようにうまくやったわけではなく、第I飛行隊のカール=ハインツ・バーベン曹長と第III飛行隊のフリッツ・ガール曹長が撃墜された。ガールは捕虜となった。

第I飛行隊は11時20分にも新たなシュトゥーカ編隊の護衛を務める12機を送り出し、会合地点に向かう途中の連合軍爆撃機の2個編隊を発見した。マルセイユは敵の護衛戦闘機に立ち向かい、キティホークの先頭編隊に対して射撃を開始すると、キティホークはただちに防御円陣を組んだ。マルセイユはその内側に飛び込み、2機を撃ち落として円陣を粉砕。円陣を解いて散開した最後尾のキティホークに追いすがり冷静にそれを撃墜し、4機目、5機目を次々に撃墜した。5番目の敵機は地上に激突する前に爆発した。マルセイユ

砂漠のメッサーシュミットに共通する特徴的な排気汚れを付けた、第53戦闘航空団第7中隊所属のBf109F-4 tropのロッテ編隊。写真ではわかりにくいが白帯付のなかに黒縁付の白い縦棒が記入されている。黒いスペードのエースをかたどった記章で有名な「ピーク=アス」は終始航空団記章をその所属機に記入していたことで知られる。

は次の敵に襲いかかり、鋭い左旋回の途中で6機目を撃墜した。

フカに向け帰還のため高度を上げながら飛行中、上空に別の敵編隊を発見したマルセイユのシュヴァルムは攻撃を加え、マルセイユにとってこの日10機目となる撃墜を果たした。その機体もやはり爆発した。

マルセイユの僚機シュランクは、荒々しく飛び回るキティホークに向かって

マルセイユの記録

戦闘機隊総監アードルフ・ガランド少将にハンス=ヨアヒム・マルセイユほど大きな称賛の言葉で評されたドイツ空軍戦闘機パイロットは少ない。ガランドはこの北アフリカ戦役のトップ・エースを「比類なき名戦闘機パイロット」と呼んだが、当時これに同意しない者はほとんどいなかった。

すぐれた戦闘機パイロットであってもその初出撃からしばらくは、なかなか最初の撃墜を記録できず、また、その後もめったに敵機を撃墜できるものではなかった。そのため、ときにはほとんど絶望してしまうというようなことも珍しいことではなく、マルセイユも例外ではない。彼は1940年8月10日に第2教導戦闘航空団第I飛行隊に配属され、ハリケーンとの最初の戦闘では自分だけがすぐれた操縦技術、反射神経、旺盛な戦意をもっている訳でないことを悟った。しかし、イギリス空軍との空中戦は彼の気性によく合うことに気付いた。同年8月24日、スピットファイアとの空戦でマルセイユはようやく初撃墜を果たし、5機撃墜ののち9月中旬には功一級鉄十字章を授かった。12月24日に第52戦闘航空団第4中隊(4./JG52)に異動し、のちにアフリカの砂漠で花開くすぐれた戦闘能力は、ほぼこのころから形作られ始めた。しかし、ヨハネス・"マッキ"・シュタインホフ中隊長はマルセイユの盛んな意気込みに対してはあまり好意的でない見方をしていた。それは往々にして反抗心と誤解され、彼が長いあいだ士官候補生のままだった理由のひとつでもある。

1941年2月21日にマルセイユが第27戦闘航空団第I飛行隊へ転属したのは、彼にとって多分幸運だった。新しい指揮官の"エドゥ"・ノイマンは、マルセイユが戦闘機パイロットに向いた才能をもっていることをすぐに見抜いたのだ。

第27戦闘航空団がリビアに移動し、隊員たちはその新しい戦場では厳しい軍規もゆるみ、より自由に振る舞えることに気づいた。マルセイユは自分の流儀を押し通していった。

マルセイユと対戦したイギリス空軍、南アフリカ空軍のパイロットたちは、その操縦技術や戦術には敬意をはらうようになった。しかしこの若い戦闘機乗りの名を知っていたかどうかは疑わしい。これに対し、ドイツ国内では、マルセイユの名は次第に有名になっていった。彼の撃墜戦果は、新型のBf109Fを使い始めてからすぐに増えていった。見越し射撃[編注:移動する標的の未来位置を予測して照準する射撃方法]の能力にすぐれたマルセイユの、撃墜に要する弾薬消費量の少なさは伝説的といってもよいほどであった。目標までの距離、速度、見越し角度に関する卓越した判断により、驚くほど少ない弾丸で敵を撃墜できた。

マルセイユは50機撃墜の功績により1942年2月22日付で騎士鉄十字章を授けられ、75機を撃墜した6月6日付で柏葉付騎士鉄十字章を、101機を撃墜した6月18日付で剣柏葉付騎士鉄十字章を、そして9月2日には通算126機に達してダイアモンド・剣柏葉付騎士鉄十字章を受勲した。実際に手渡される前にマルセイユは事故死したが、第27戦闘航空団でその勲章を得たのは彼だけであった。剣柏葉付騎士鉄十字章は、第27戦闘航空団ではマルセイユのほかにヴェルナー・シュロアーに授けられている。

従軍期間が長い多くのエクスペルテと同じく、マルセイ

射撃したが外れた。そこでマルセイユは左旋回して約90mまで接近し、この日11機目の撃墜を果たした。そのとき出現した新たな編隊から1機をハンス・レマー少尉が撃墜した。それからマルセイユは基地に帰還し、第2航空軍司令官のアルベルト・ケッセルリング元帥の歓迎を受けた。元帥はその朝に成し遂げた撃墜を心から祝福した。

同日の午後遅く、第I飛行隊はユンカースJu88双発爆撃機の大編隊に対する近接および間接護衛任務を命じられた。マルセイユには第27戦闘航空団第I飛行隊の10機とともに、上空援護が命じられ、18時47分から18時53分のあいだに彼はさらに5機を撃墜した。すべて第213スコードロンのハリケーンだった。シュタールシュミットも2機を、カール・フォン・リーレス・ウント・ヴィルカウ少尉も1機を撃墜、餌食になったのはいず

第27戦闘航空団第9中隊長のハンス=ヨアヒム・ハイネッケ中尉。彼は中隊長を勤める以前に第53戦闘航空団に配属されていたため、自分の乗機であるF-4 tropに「ピーク=アス」の小さな記章を記入した。ウインドシールドには防弾ガラスが取付けられている。(Crow)

ユもその戦歴のあいだに多数の機体へ搭乗した。従って正確な機数は不明のままだが、全部で12機は超えないと思われる。第2教導戦闘航空団第I飛行隊に属してフランスに駐留し、ドーバー海峡方面で戦っていた期間中に、マルセイユは3機のBf109Eを喪失した。まず1940年9月2日にBf109E-1、製造番号3579でスピットファイアを1機撃墜したのちに被弾、カレー=マルに胴体着陸した[編注：製造番号3579はのちに再生され、東部戦線で失われた。最近ロシアで発見されたBf109Eが、かつてマルセイユの乗機だったこの3579番であることが判明し、イギリスで復元作業が行われた]。9月11日にはBf109E-7、製造番号5797に搭乗してやはりスピットファイアを1機撃墜したが被弾し、ヴァザンでまたも不時着。9月23日にはBf109E-7、製造番号5094で出撃したがドーバー海峡で撃墜され、海面にパラシュート降下し救出された。このほかバルカン半島で作戦中の1941年4月6日には製造番号不詳のBf109Eで、対空砲火により損傷を受けたが撃墜は免れ、なんとか基地にたどり着いている。リビアに向かう途中の4月20日にはエンジンの不調から乗機のBf109E-7 trop、製造番号1259を失った。また4月23日に砂漠での最初の撃墜スコアをあげたあとで、第73スコードロンのデニス大尉のハリケーンMk.Iに撃墜され、自軍の戦線内に不時着した際の乗機は製造番号5160のE-7 tropであった。さらに5月21日のトブルク攻撃の際に撃墜され不時着したときの乗機もE-7 tropで、製造番号は1567だった。したがってマルセイユが失ったBf109Eは少なくとも6機に上る。

お気に入りの革製フライト・ジャケットを着たマルセイユが、愛機の方向舵への最新撃墜スコアの記入に立ち会っている。1942年2月21日の撮影で、機体は彼が使った最初のBf109F-4 trop製造番号8693である。撃墜マーキングの列は整備兵が手にもっている型紙を使って、簡単に記入することができた。

「アフリカの星」が出撃に向けて機付長にシートベルトの装着を手伝ってもらっているところ。この機体はマルセイユが使った2番目のBf109F-4trop製造番号10059である。

第27戦闘航空団のもっとも偉大なエクスペルテ、ハンス=ヨアヒム・マルセイユが"黄の14"を整備兵の手に委ね、愛機から離れた気取らない姿をとらえた一葉。このF-4 tropの排気汚れがひどいのは、ぎりぎりまで絞ったのちに全開するというような急激なスロットル操作を、最前の出撃で行ったためである。

れも第213スコードロン所属機だった。

　マルセイユはこの日の空戦だけで16機を撃墜する大活躍を見せた。そして数時間後に地上軍が彼の餌食をもう1機確認したため、これも公式記録に追加された。ドイツ空軍に、いまだかつてこのような偉業を達成したパイロットはいなかった。マルセイユの西側連合軍機を一日で17機撃墜という大記録は大戦終結まで破られることはなかった。なお、ソ連機相手の東部戦線では1943年11月にエーミール・ラングが一日で18機撃墜という記録を打ち立てている。

　このころの空戦は両軍とも多数機が参加激化していたが、9月1日の空戦はとりわけ密度が濃く、広い範囲で戦われた。少数の連合軍爆撃機が対空砲火で失われたが、ドイツ軍戦闘機乗りの手で落とされた爆撃機はなかった。その結果、ロンメルは多数の戦車、車両を失って防御に転ずることになった［編注：1942年8月30日、燃料不足に悩むロンメルは、連合軍の補給物資をおさえるべく攻撃を開始した。しかし、ドイツのエニグマ暗号を解読し、あらかじめこの作戦を知っていたモンゴメリーはエル・アラメイン南東のアラム・ハルファ高地へ枢軸軍を誘い込んで反撃。戦闘は9月2日に終了し、戦車、車両あわせて400台以上を残して退却したドイツは大きな痛手を被った］。

　1942年9月までには、第27戦闘航空団は前線上空で恒常的にスピットファイアMk.V B/Cと対戦するようになり、基地に帰還後は連日のようにハリケーンMk.IICの爆撃に遭った。こうして連合軍が優勢になりつつあったにもかかわらず、時としてドイツ戦闘機隊が有利な戦術的態勢を取った場合には、連合軍は苦戦を強いられた。9月3日、前線の様子を探るためハリケーン戦術偵察機が送り出され、いつものようにそれには南アフリカ第1、第24スコードロンのハリケーン24機が護衛についていた。Bf109FとマッキC.200、C.202から成る15機の編隊が迎撃に向かい、この空戦でドイツ軍はあたかも「啓示を受けた男」のご

1942年末、ガンブトで多数のBf109F/Gが連合軍に捕獲された。爆風をさえぎるのに効果的な掩体壕に囲まれている手前の機と左奥のG-2 tropは、第77戦闘航空団本部所属の機体であった。右奥のF-4 trop "黄の4"には第27戦闘航空団第III飛行隊を表す波形マーキングが描かれている。（D. Becker）

連合軍は右頁下の写真にも写っている"黄の4"に興味を惹かれ、さらにくわしい調査のためトレーラーで運ぼうとした。砂漠の強烈な太陽光によるゴムの劣化を防ぐため、白く塗られた尾輪に注目。ひとたび残骸が片付けられると、すぐに駐機場は連合軍機によって占領された。たくさんの飛行場で一度ならず何度も所有者が交代した。(D. Becker)

とく奮闘し、「はげしい競り合い」が20分以上も続いた。

　同じ日の夜明け、イギリス空軍のボストン、バルチモアにアメリカ陸軍航空軍のB-25が加わった爆撃機編隊を迎撃するため出動した少数機の編隊には、マルセイユとシュタールシュミットが含まれていた。この日一日だけで連合軍軽爆撃機の出撃機数はのべ200機に達し、こうした爆撃機は英連邦軍のキティホーク、ハリケーン、スピットファイアと、アメリカ第57戦闘航空群のP-40Fによって護衛された。これに対しドイツ戦闘機隊は、のべ139機の出撃を敢行。索敵攻撃任務13機をのぞいたすべてが迎撃任務であった。マルセイユら8機のBf109が迎撃に向かったときも、爆撃機はやはり厳重に護衛されていた。

　この空戦で第145スコードロンのスピットファイアMk.V BはBf109とマッキ戦闘機の両方と対戦し、1機の損失と引き換えに3機を撃墜したと主張したが、他の飛行隊のキティホーク2機も撃墜された。そのキティホーク飛行のあるパイロットはBf109、2機撃墜を主張し、一方マルセイユはスピットファイアを2機とカーチス戦闘機を1機、シュタールシュミットはスピットファイアを1機とカーチス戦闘機を2機撃墜したと報告した。

　この錯綜した空中戦の模様は、シュタールシュミットがそのすぐあとに家族へ宛てた手紙で、次のように要約されている。

　「今日、私は今まででもっともきつい戦闘を経験しました。しかしそれは同時に、飛行中にもっとも素晴らしい戦友意識を感じたときでもありました。我々は8機のメッサーシュミット戦闘機で、旋回する敵戦闘機の信じられないほど大きな編隊の真っただなかにいました。私は生き延びるために必死になって自分のBf109を操縦しました。私は全力を尽くして飛び、戦闘が終わったあとは口から泡を吹き、すっかり消耗してしまいました。敵戦闘機は何度も何度も我々の背後に付き、振り切るために3、4回急降下する羽目になりましたが、引き起こすたびにまた混乱のなかに引き返して行きました。一度だけもう逃げられないと思いました。それというのも、私のBf109は性能の限界で飛んでいたのに、

飛行場の新たな所有者がきわめて迅速に出現したため、多くのドイツ軍基地が飛行可能な機体に使用不能処置を取ることも満足に出来ないまま遺棄された。この第53戦闘航空団第III飛行隊に属したBf109 F-4 tropは、エル・アラメインの戦線を突破して圧倒的な力で前進してきた連合軍の手に落ちた、多くのうちの1機である。キャノピーの一部が後部胴体の周辺に散乱している。(D. Becker)

まだうしろに付いたスピットファイアを振り切れなかったからです。最後の瞬間に、私の50m後方でマルセイユがそいつを撃ち落としてくれました。私は急降下してから引き起こしました。数秒後にスピットファイアが、今度はマルセイユの背後に付いているのを見つけました。私はそれまでしたことがないほど注意深く敵に狙いを定めて撃ち落とし、そいつは燃えながら落ちてゆきました。マルセイユと私がその格闘戦から離脱して戦闘が終わりま

カラー塗装図
colour plates

解説は92頁から

ここでは北アフリカと地中海戦域で、伝説的とも言える名声を得たエクスペルテンのもっとも有名なBf109だけでなく、今回初めて発表される機体も示す。図版はすべてこの本のために描かれたものであり、画家のクリス・デイヴィ、ジョン・ウィール、キース・フレットウェル、それに人物画のマイク・チャペルはいずれも克明な調査により、できる限り正確に機体と人物を描こうと努めた。

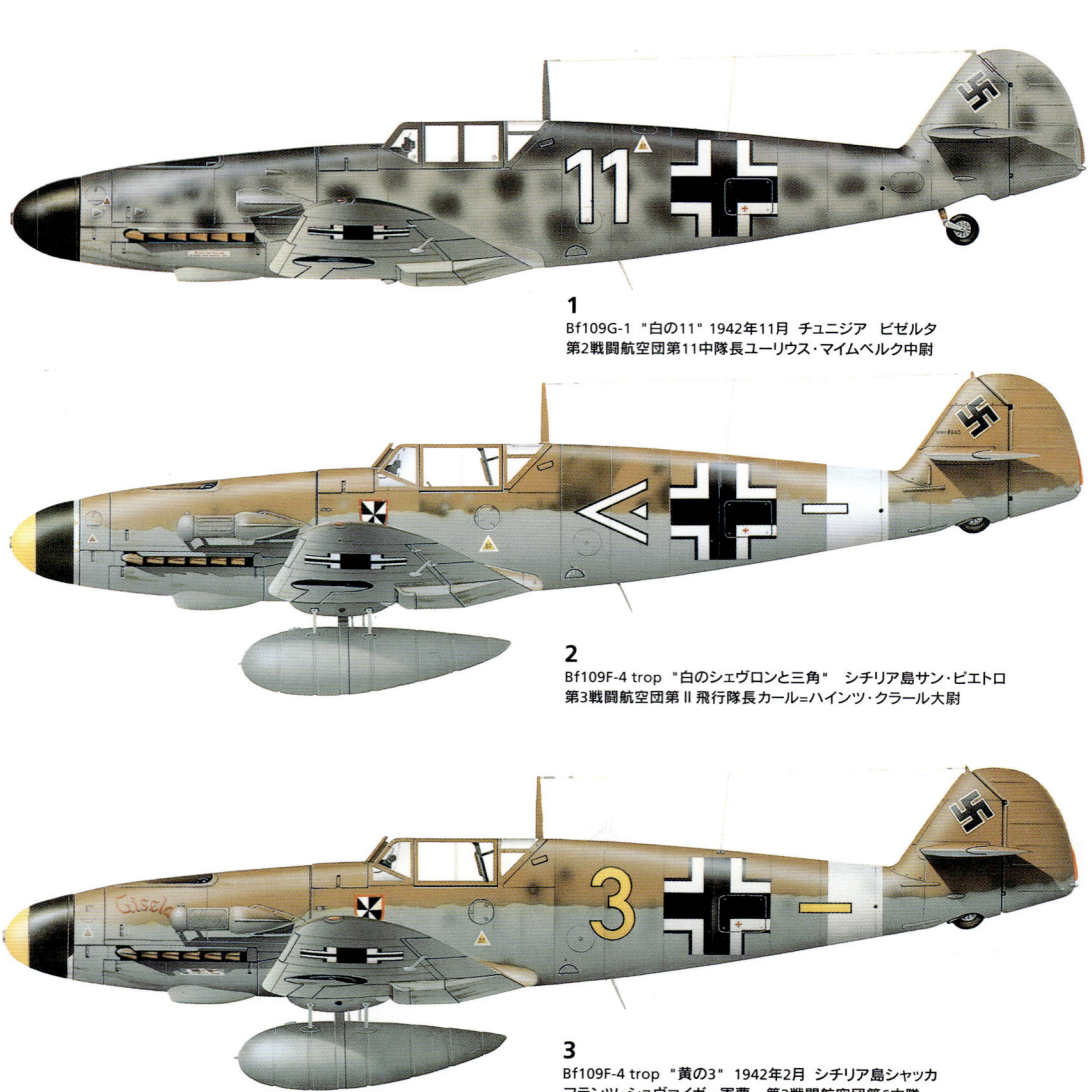

1
Bf109G-1 "白の11" 1942年11月 チュニジア ビゼルタ
第2戦闘航空団第11中隊長ユーリウス・マイムベルク中尉

2
Bf109F-4 trop "白のシェヴロンと三角" シチリア島サン・ピエトロ
第3戦闘航空団第Ⅱ飛行隊長カール=ハインツ・クラール大尉

3
Bf109F-4 trop "黄の3" 1942年2月 シチリア島シャッカ
フランツ・シュヴァイガー軍曹 第3戦闘航空団第6中隊

4
Bf109G-6 trop "黒の二重シェヴロン" 1943年8月 イタリア
サン・セヴェロ 第3戦闘航空団第Ⅳ飛行隊長フランツ・バイアー少佐

5
Bf109E-7/N "白の15" 1941年6月 リビア アイン・エル・ガザラ
カール・ラウプ軍曹 第26戦闘航空団第7中隊

6
Bf109E-7/N "白の12" 1941年2月 シチリア島ジェラ
第26戦闘航空団第7中隊長ヨアヒム・ミュンヘベルク中尉

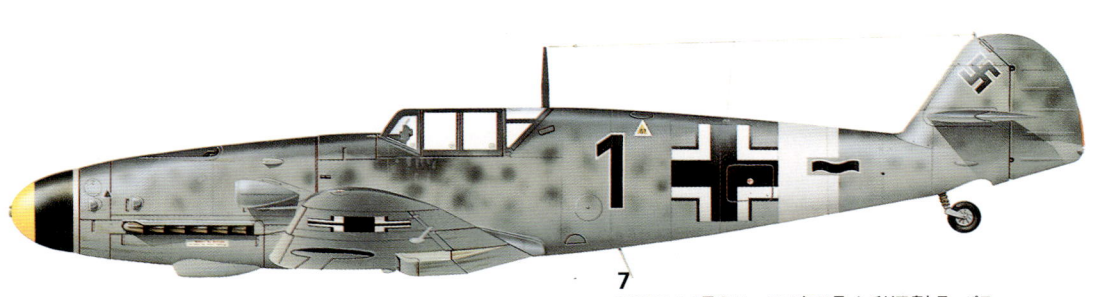

7
Bf109G-1 "黒の1" 1942年11月 シチリア島トラーパニ
第26戦闘航空団第11中隊長ハンス＝ユルゲン・ヴェストファル中尉

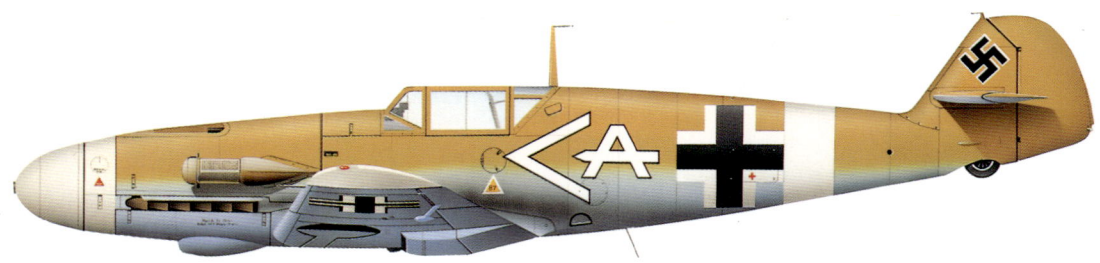

8
Bf109F-4 trop "白のシェヴロンとA" 1942年11月ころ リビア
マルトゥバ 第27戦闘航空団第I飛行隊付副官ヴェルナー・シュロアー中尉

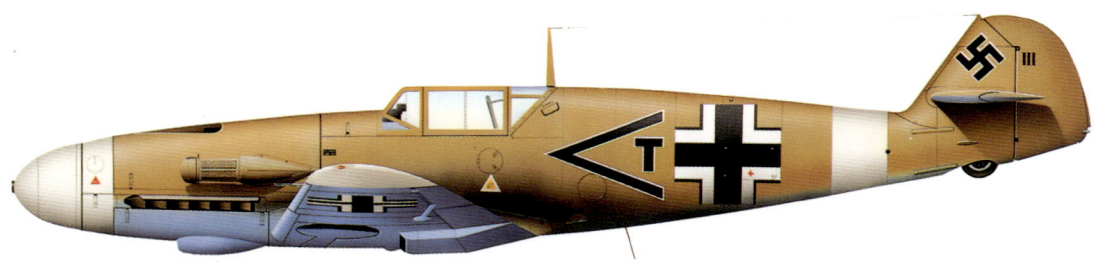

9
Bf109F-4 trop "黒のシェヴロンとT" 1942年4月ころ リビア
マルトゥバ 第27戦闘航空団第I飛行隊付技術将校ルドルフ・ジナー中尉

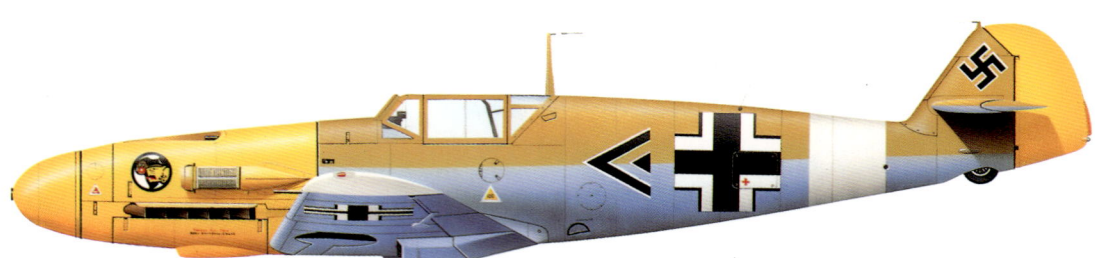

10
Bf109F-4 trop "黒のシェヴロンと三角" 1941年12月ころ リビア
マルトゥバ 第27戦闘航空団第I飛行隊長 エードゥアルト・ノイマン大尉

11
Bf109E-7 trop "黒のシェヴロン" 1941年4月 リビア カステル・ベニト
第27戦闘航空団第I飛行隊付副官ルートヴィヒ・フランツィスケット中尉

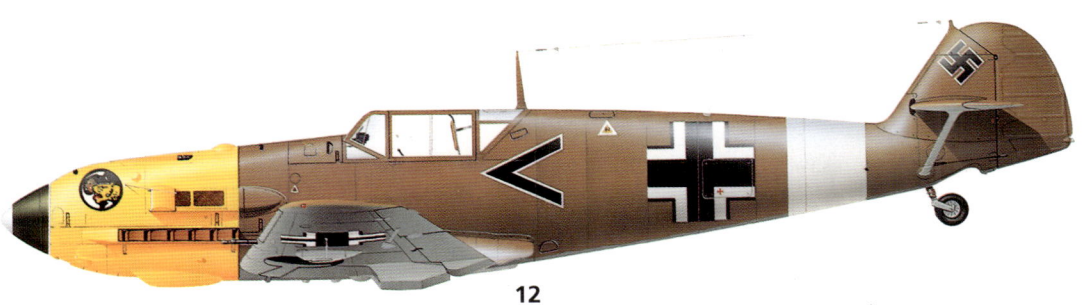

12
Bf109E-7 trop "黒のシェヴロン"　1941年4月　リビア　カステル・ベニト
第27戦闘航空団第Ⅰ飛行隊付副官ルートヴィヒ・フランツィスケット中尉

13
Bf109F-4 trop "白の11"　1941年12月　リビア　マルトゥバ
アルベルト・エスペンラウプ上級曹長　第27戦闘航空団第1中隊

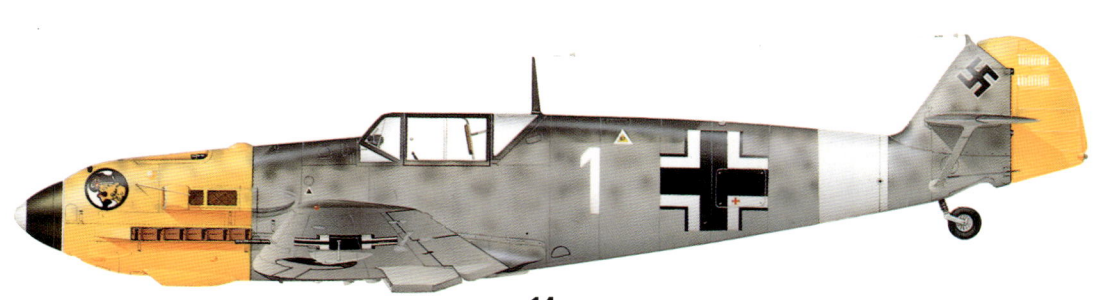

14
Bf109E-7 trop "白の1"　1941年7月　リビア　アイン・エル・ガザラ
第27戦闘航空団第1中隊長カール=ヴォルフガング・レートリヒ中尉

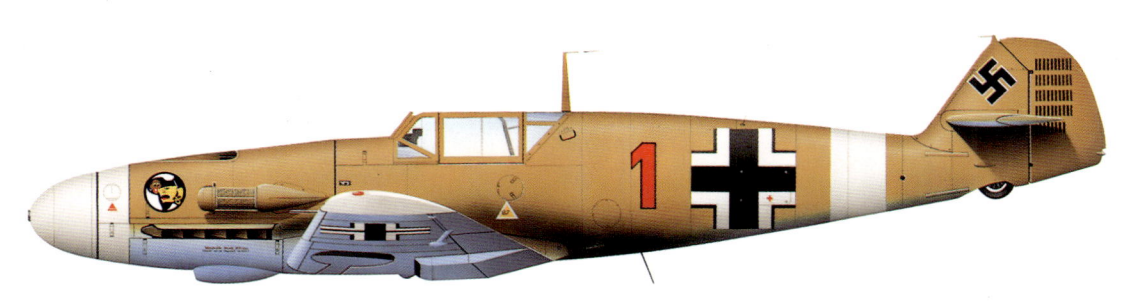

15
Bf109F-4 trop "赤の1"　1942年8月　エジプト　クオタイフィヤ
第27戦闘航空団第2中隊長ハンス=アルノルト・シュタールシュミット少尉

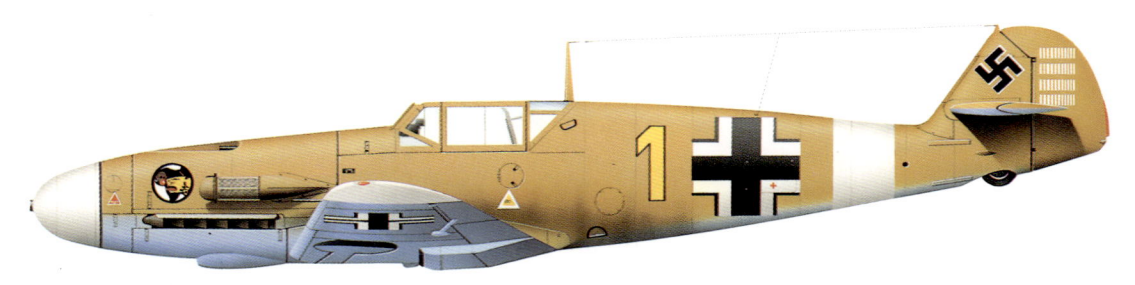

16
Bf109F-4 trop "黄の1" 1942年2月 リビア マルトゥバ
第27戦闘航空団第3中隊長ゲーアハルト・ホムート大尉

17
Bf109F-4 trop "黄の14" 1942年2月 リビア マルトゥバ
ハンス=ヨアヒム・マルセイユ少尉 第27戦闘航空団第3中隊

18
Bf109F-4 trop "黄の14" 1942年5月 リビア トミミ
ハンス=ヨアヒム・マルセイユ少尉 第27戦闘航空団第3中隊

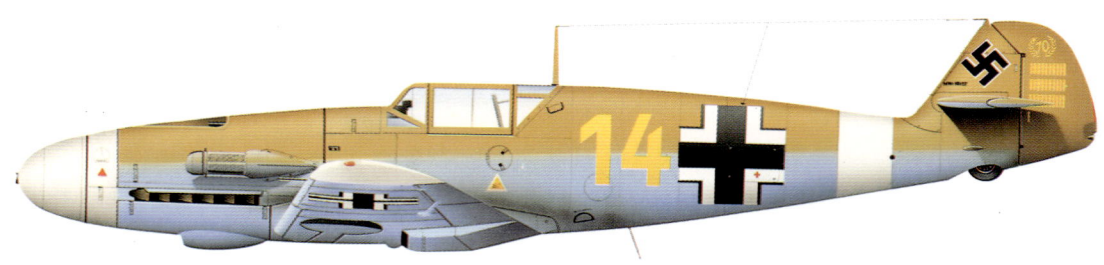

19
Bf109F-4 trop "黄の14" 1942年6月 リビア アイン・エル・ガザラ
第27戦闘航空団第3中隊長ハンス=ヨアヒム・マルセイユ中尉

20
Bf109F-4 trop "黄の14" 1942年9月 エジプト クオタイフィヤ
第27戦闘航空団第3中隊長ハンス=ヨアヒム・マルセイユ大尉

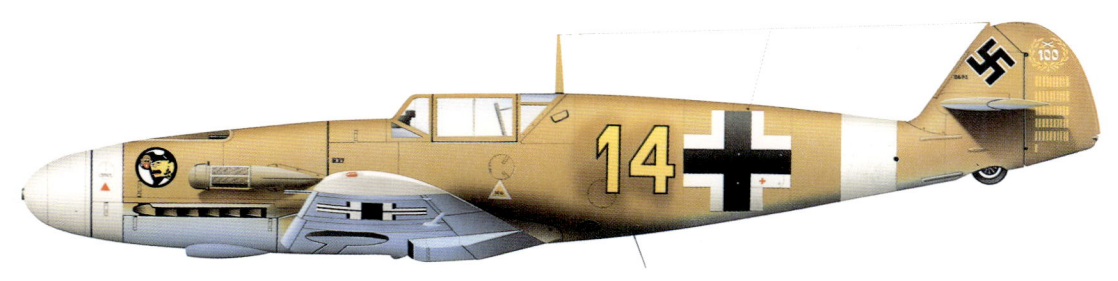

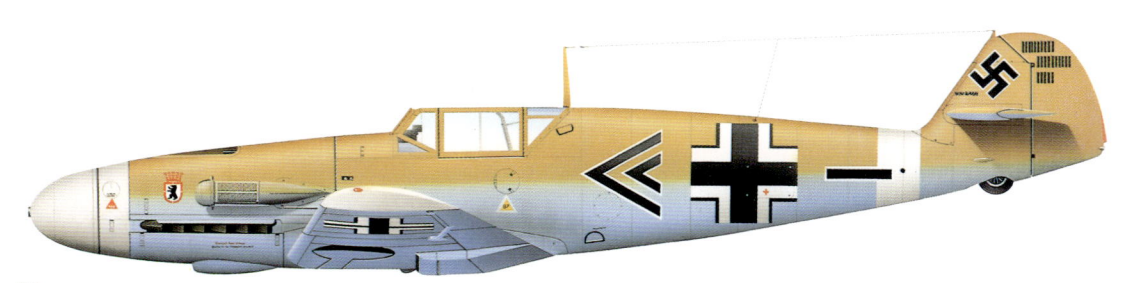

21
Bf109F-4 trop "黒の二重シェヴロン" 1941年11月 リビア
アイン・エル・ガザラ 第27戦闘航空団第Ⅱ飛行隊長ヴォルフガング・リッペルト大尉

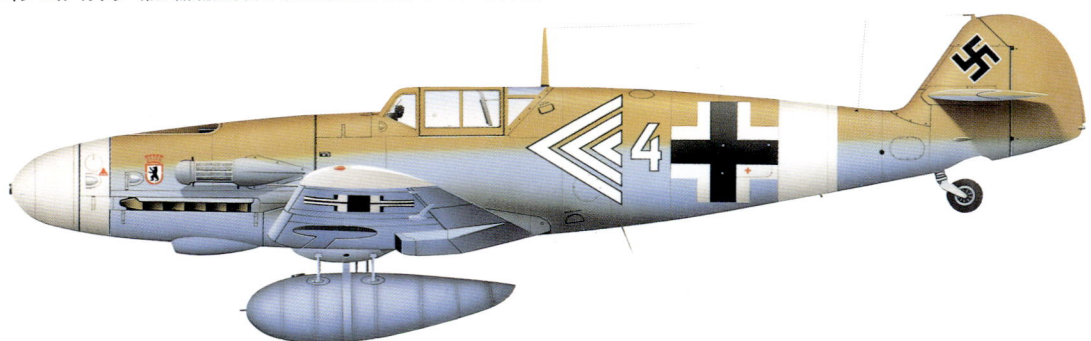

22
Bf109G-4 trop "白の三重シェヴロンと4" 1943年4月 シチリア島カターニャ
第27戦闘航空団第Ⅱ飛行隊長グスタフ・レーデル大尉

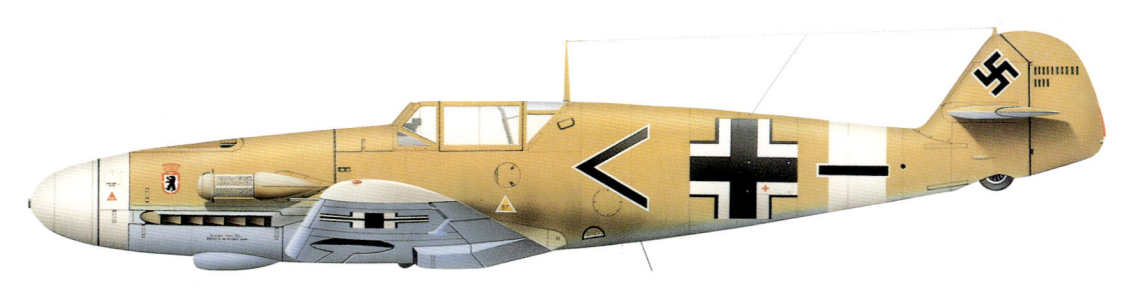

23
Bf109F-4 trop "黒のシェヴロン" 1942年6月 リビア トミミ
第27戦闘航空団第Ⅱ飛行隊付技術将校オットー・シュルツ中尉

24
Bf109 F-4 trop "白の12" 1942年8月 エジプト クオータイフィヤ
フランツ・シュティーグラー上級曹長　第27戦闘航空団第4中隊

25
Bf109F-4 trop "黄の2" 1942年2月 リビア マルトゥバ
オットー・シュルツ曹長　第27戦闘航空団第4中隊

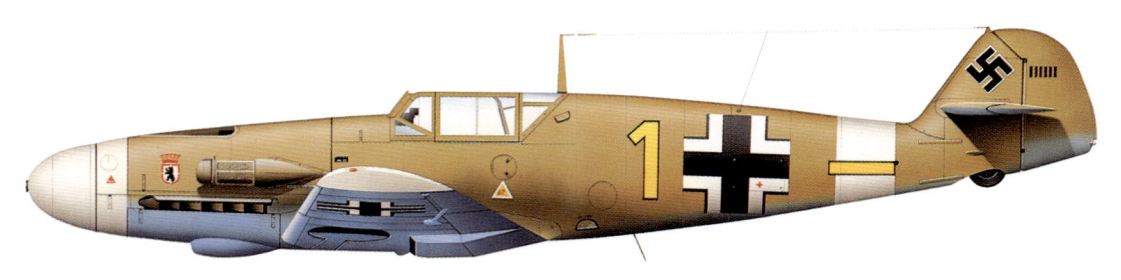

26
Bf109F-4 trop "黄の1" 1942年6月 リビア トミミ
第27戦闘航空団第6中隊長ルドルフ・ジナー中尉

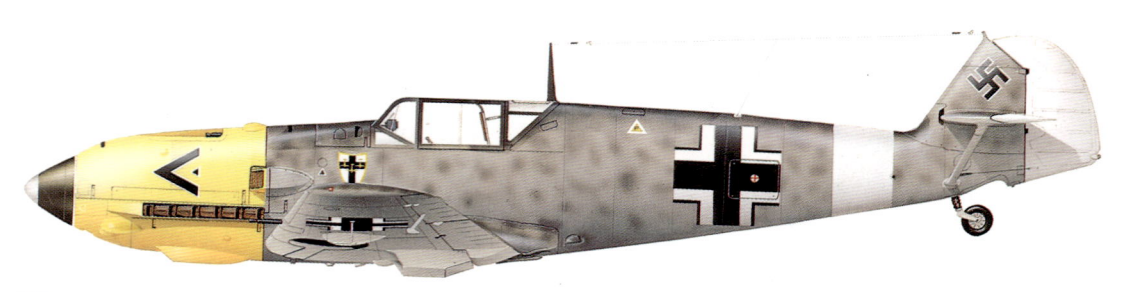

27
Bf109E-7 "黒のシェヴロンと三角" 1941年5月 シチリア島
第27戦闘航空団第III飛行隊長マックス・ドビスラフ大尉

28
Bf109G-6 "黒の二重シェヴロン" 1943年12月 ギリシャ カラマキ
第27戦闘航空団第Ⅲ飛行隊長エルンスト・デュルベルク大尉

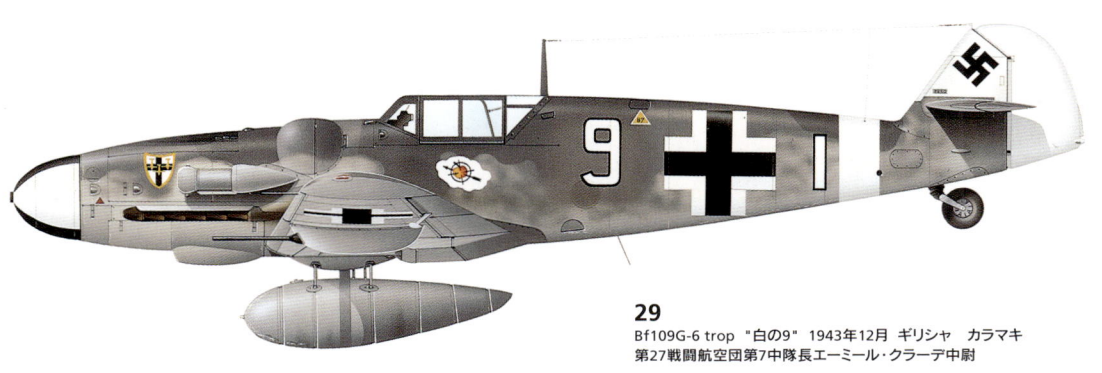

29
Bf109G-6 trop "白の9" 1943年12月 ギリシャ カラマキ
第27戦闘航空団第7中隊長エーミール・クラーデ中尉

30
Bf109E-7 trop "黒の8" 1941年夏 リビア アイン・エル・ガザラ
ヴェルナー・シュロアー少尉 第27戦闘航空団第2中隊

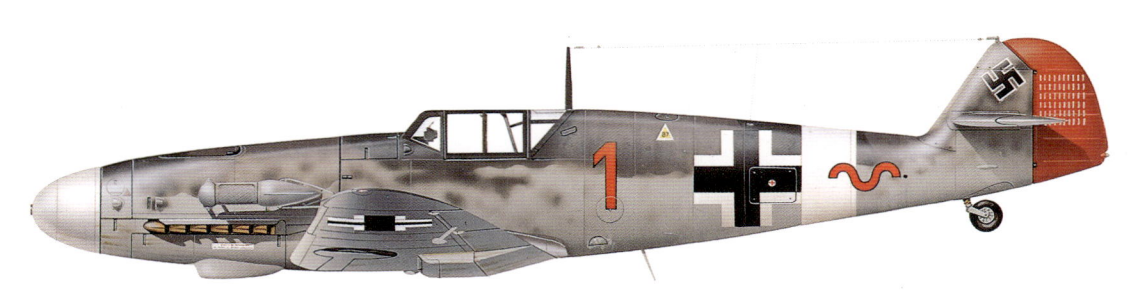

31
Bf109G-2 trop "赤の1" 1943年2月ころ ロードス島
第27戦闘航空団第8中隊長ヴェルナー・シュロアー大尉

41

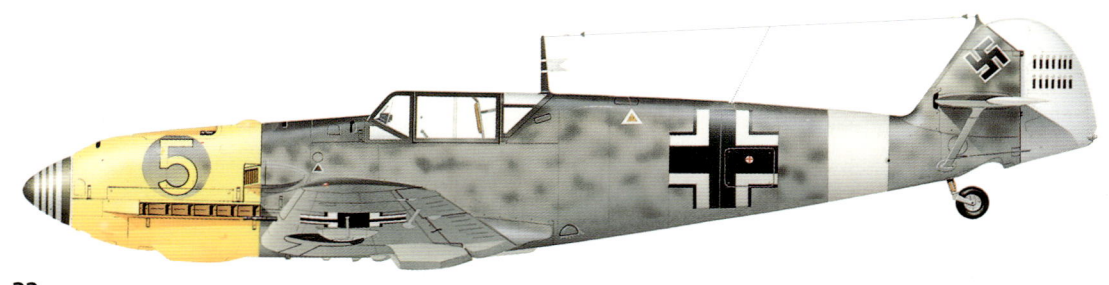

32
Bf109E-7 "黄の5" 1941年5月 シチリア島ジェラ
第27戦闘航空団第9中隊長エアボ・フォン・カーゲネク中尉

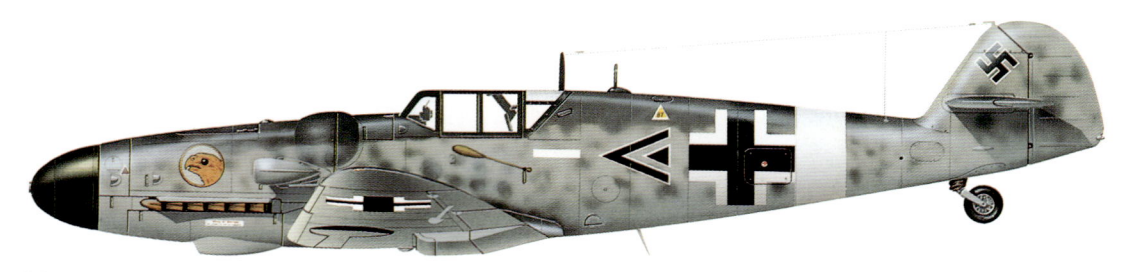

34
Bf109G-6 "黒のシェヴロンと三角" 1944年2月ころ イタリア
トスカーニャ地方 第51戦闘航空団第Ⅱ飛行隊長カール・ラメルト大尉

35
Bf109G-2 trop "白の5" 1942年11月 チュニジア ビゼルタ
アントン・ハーフナー曹長 第51戦闘航空団第4中隊

36
Bf109G-6 trop "白の12" 1944年1月ころ イタリア トスカーニャ地方
ヴィルヘルム・ミンク上級曹長 第51戦闘航空団第4中隊

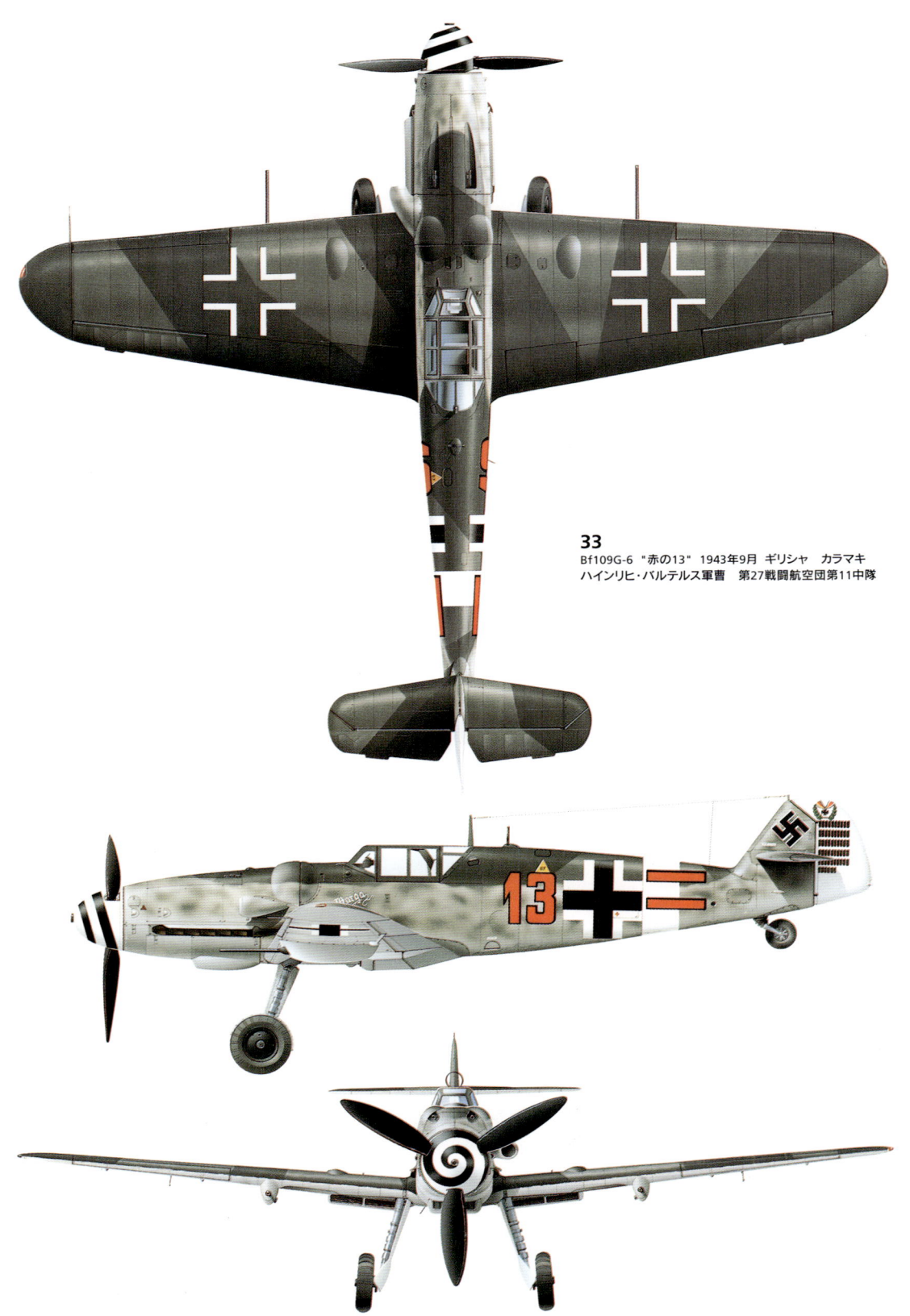

33
Bf109G-6 "赤の13" 1943年9月 ギリシャ カラマキ
ハインリヒ・バルテルス軍曹　第27戦闘航空団第11中隊

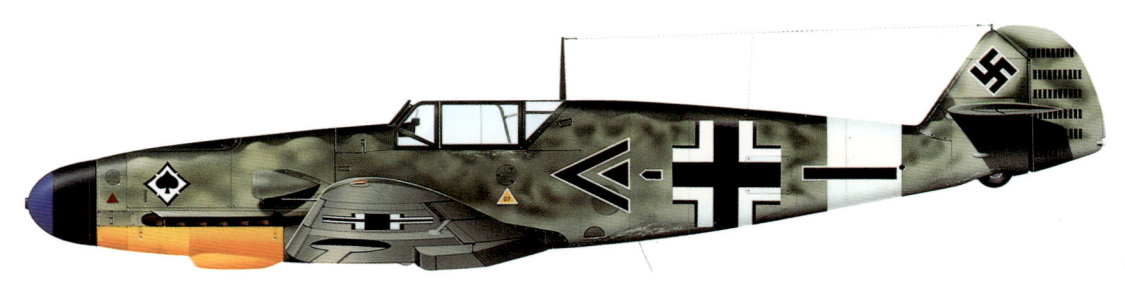

37
Bf109F-4 "黒のシェヴロン、三角と横棒" 1942年2月ころ シチリア島コミソ
第53戦闘航空団航空団司令官ギュンター・フォン・マルツァーン中佐

38
Bf109G-6 "黒の二重シェヴロン" 1944年3月 北イタリア マニアーゴ
第53戦闘航空団第Ⅰ飛行隊長ユルゲン・ハルダー少佐

39
Bf109G-2trop "黄の13" 1943年1月 チュニジア ビゼルタ
ヴィルヘルム・クリニウス少尉 第53戦闘航空団第3中隊

40
Bf109G-4 "黄の7" 1943年2月 チュニジア ビゼルタ
第53戦闘航空団第3中隊長ヴォルフガング・トネ中尉

41
Bf109F-4 "白の1" 1942年7月 パンテレリア島
第53戦闘航空団第4中隊長ゲーアハルト・ミヒャルスキ中尉

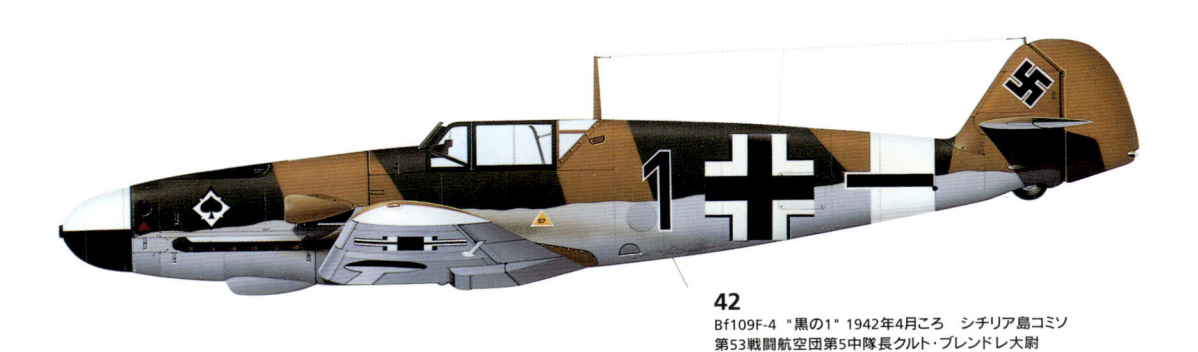

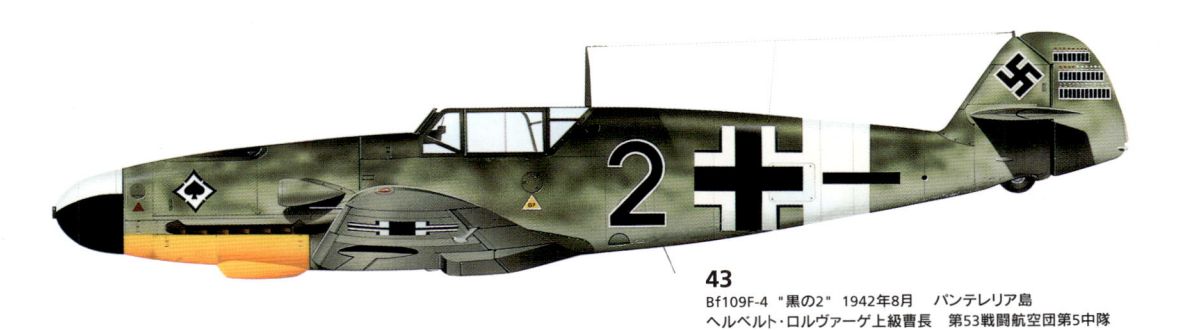

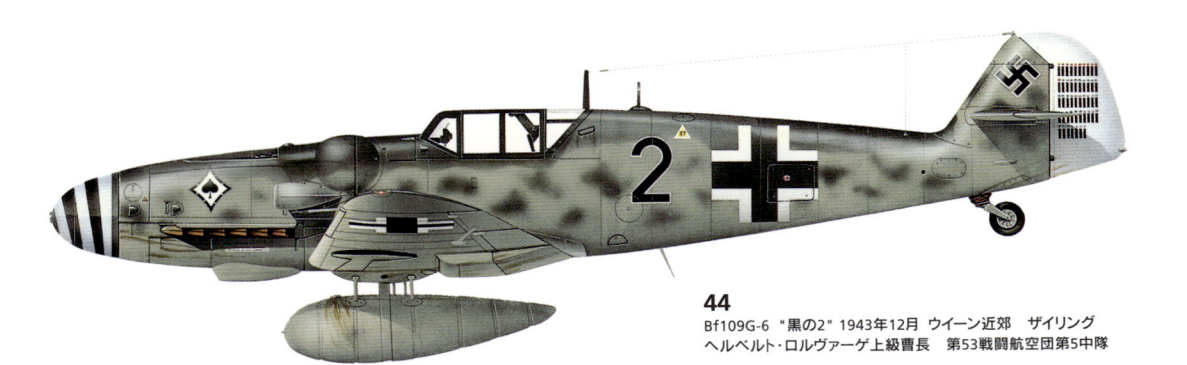

42
Bf109F-4 "黒の1" 1942年4月ころ シチリア島コミソ
第53戦闘航空団第5中隊長クルト・ブレンドレ大尉

43
Bf109F-4 "黒の2" 1942年8月 パンテレリア島
ヘルベルト・ロルヴァーゲ上級曹長 第53戦闘航空団第5中隊

44
Bf109G-6 "黒の2" 1943年12月 ウイーン近郊 ザイリング
ヘルベルト・ロルヴァーゲ上級曹長 第53戦闘航空団第5中隊

45
Bf109G-6 trop "黄の1" 1943年8月 イタリア　カンチェロ
第53戦闘航空団第6中隊長アルフレート・ハマー大尉

46
Bf109G-6 "黒の二重シェヴロン" 1944年1月ころ イタリア
オルヴィエート　第53戦闘航空団第Ⅲ飛行隊長フランツ・ゲッツ少佐

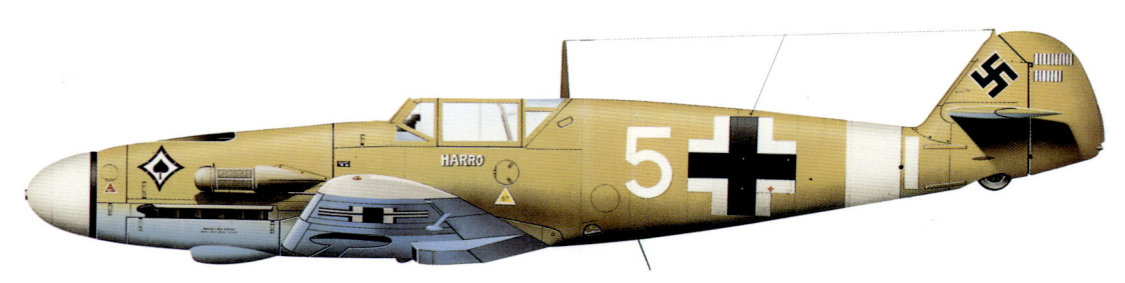

47
Bf109F-4 trop "白の5" 1942年6月 リビア
マルトゥバ　ユルゲン・ハルダー少尉　第53戦闘航空団第7中隊

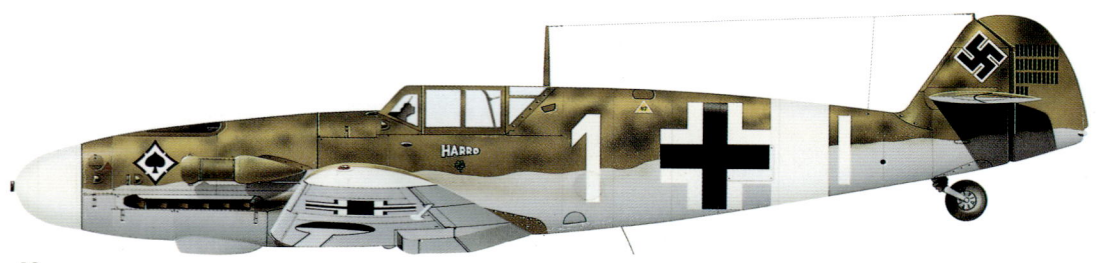

48
Bf109G-4 trop "白の1" 1943年2月 シチリア島トラーパニ
第53戦闘航空団第7中隊長ユルゲン・ハルダー大尉

49
Bf109F-4 "白の2" 1942年3月 シチリア島コミソ
ヘルマン・ノイホフ少尉　第53戦闘航空団第7中隊

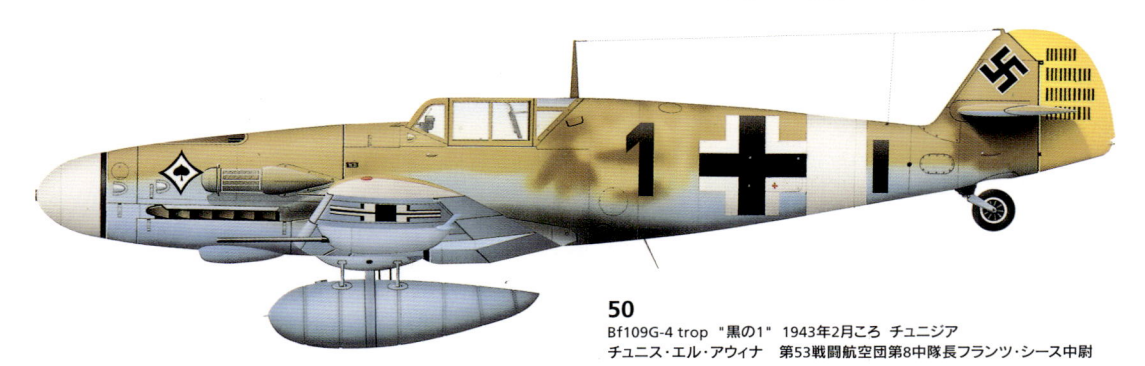

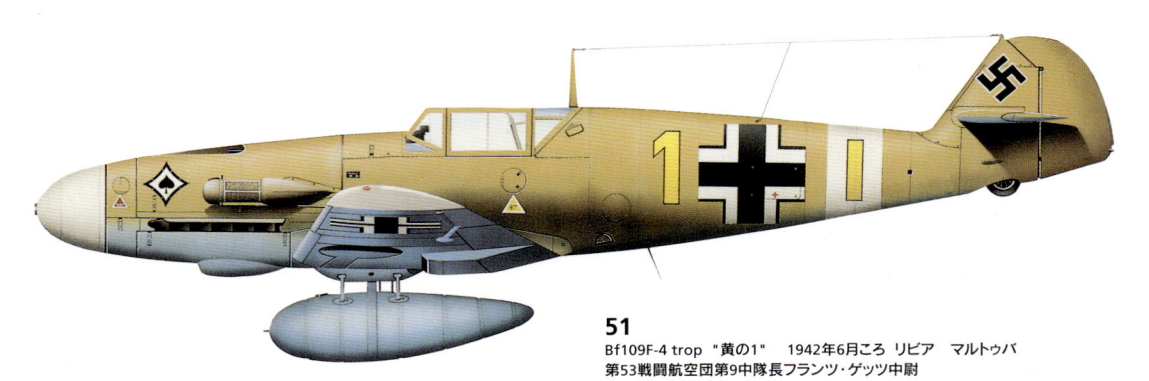

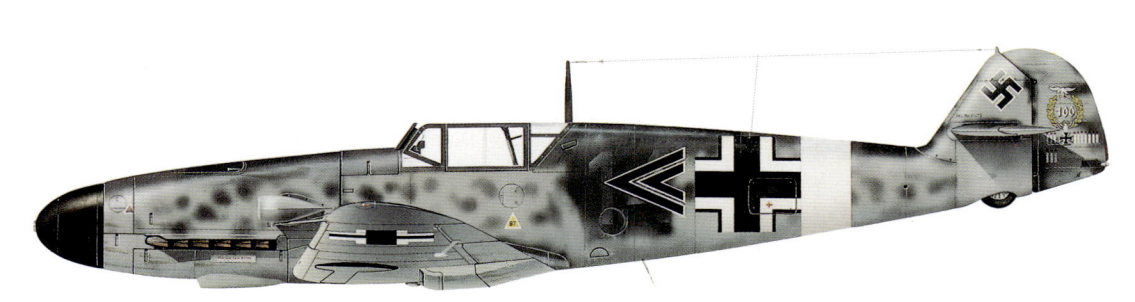

50
Bf109G-4 trop "黒の1" 1943年2月ころ チュニジア
チュニス・エル・アウィナ　第53戦闘航空団第8中隊長フランツ・シース中尉

51
Bf109F-4 trop "黄の1" 1942年6月ころ リビア　マルトゥバ
第53戦闘航空団第9中隊長フランツ・ゲッツ中尉

52
Bf109F-4 "黒の二重シェヴロン" 1942年7月 シチリア島コミソ
第77戦闘航空団第I飛行隊長ハインツ・ベーア大尉

53
Bf109G-2 trop "黒のシェヴロン" 1943年1月ころ 南部チュニジア
マトマータ 第77戦闘航空団第Ⅰ飛行隊付副官ハインツ・エトガル・ベレス少尉

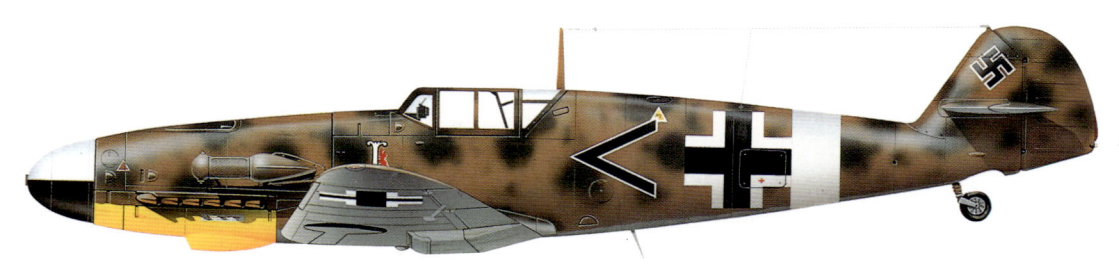

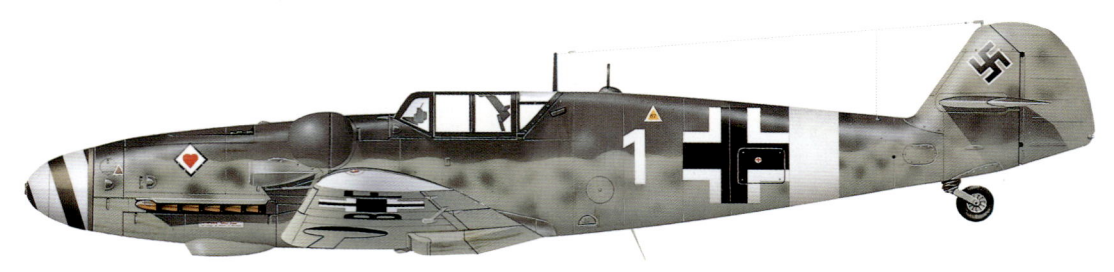

54
Bf109G-6 "白の1" 1944年1月ころ イタリア北部
第77戦闘航空団第3中隊長エルンスト=ヴィルヘルム・ライナート少尉

55
Bf109G-2 trop "白の3" 1942年11月 エジプト ビル・エル・アブド
ホルスト・シュリック軍曹 第77戦闘航空団第1中隊

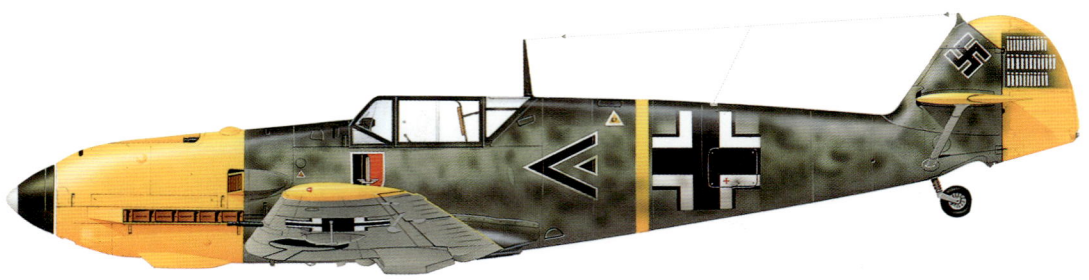

56
Bf109E-4 "黒のシェヴロンと三角" 1941年4月 ブルガリア ラドミール
第2教導戦闘航空団第Ⅰ飛行隊長ヘルベルト・イーレフェルト大尉

57
Bf109G-6 trop "黒4" 1943年7月 シチリア島コミソ
ジュゼッペ・ルッツィン少尉 イタリア空軍第3戦闘大隊第154飛行隊

58
Bf109G-6 trop "白の7" 1943年5月 シチリア島サッカラ
イタリア空軍第150戦闘大隊第363飛行隊長ウーゴ・ドラーゴ中尉

59
Bf109G-10 1945年2月 イタリア ロナーテ・ポッツォロ（ヴァレーゼ）
イタリア社会主義共和国空軍第1戦闘大隊長アドリアーノ・ヴィスコンティ少佐

60
Bf109G-6/U4 "黒の7" 1944年11月 イタリア アヴィアーノ
イタリア社会主義共和国空軍第2戦闘大隊第4中隊長ウーゴ・ドラーゴ大尉

パイロットの軍装
figure plates
解説は99頁

2 砂漠に合った飛行用服装の
ドイツ戦闘機パイロット
1941年7月　リビア

1 1942年2月のハンス＝ヨアヒム・マルセイユ中尉

3 1942年初冬のころのある少尉　リビア

5
空軍向けとアフリカ軍団向けの官
給品を身に付けたある中尉

4
第77戦闘航空団司令官ヨアヒム・ミュンヘベルク少佐
1942年秋　チュニジア

6
第27戦闘航空団第Ⅱ飛行隊の
オットー・シュルツ曹長
1942年2月ころ

51

■1942年9月の戦闘序列

シュタールシュミットのようなかけがえのないエクスペルテを失うなかで、ドイツ空軍の保有戦力は1942年9月に最大となった。9月20日の時点では、以下の戦闘機部隊が地中海戦域に展開していた。

■第2航空艦隊　アフリカ方面空軍指揮下　在アフリカ

部隊	機種	基地	保有機数	出撃可能機数
JG27航空団本部	Bf109F	サンイェット／クォータイフィヤ	3	2
JG27第Ⅰ飛行隊	Bf109F	トゥルビヤ	28	15
JG27第Ⅱ飛行隊	Bf109F	サンイェット	26	16
JG27第Ⅲ飛行隊	Bf109F	サンイェット／クアサバ	28	18
JG53第Ⅲ飛行隊	Bf109F	クアサバ東	27	14
アフリカ戦闘爆撃飛行隊	Bf109F	クアサバ東	27	14

上記以外にクアサバ東に駐留の第1駆逐航空団第Ⅲ飛行隊（Ⅲ./ZG1）も保有機数27機、その内出撃可能機数14機のBf109Fを擁し、バルセ／デルナの第26駆逐航空団第8中隊（8./ZG26）もBf110を12機保有していて、このうち出撃可能は5機。

■第Ⅱ航空軍団指揮下　在シチリア島

部隊	機種	基地	保有機数	出撃可能機数
JG53航空団本部	Bf109F	コミソ	5	5
JG53第Ⅱ飛行隊	Bf109F	コミソ	32	25
JG77第Ⅰ飛行隊	Bf109F	コミソ	34	25

■第Ⅹ航空軍団指揮下　在クレタ島

部隊	機種	基地	保有機数	出撃可能機数
JG27第Ⅲ飛行隊の分遣隊	Bf109F	カステリ	15	7

上記以外にカステリに駐留の第8駆逐航空団第Ⅲ飛行隊（第8中隊を除く）も37機のBf110を保有し、このうち出撃可能は14機だった。

した。我々は3機ずつ撃墜しました。基地へ帰って乗機からようやく降りた我々は消耗しきっていました。マルセイユの乗機にはいくつか穴が開き、私の機体には11個も穴が開いてました。我々は無事を祝って抱き合いましたが、口を利く元気は残っていませんでした。それは忘れられない出来事でした」

シュタールシュミットほどの力量をもったパイロットが述べた上の見解は、連合軍戦闘機の性能が向上しただけでなく、その戦術がいかに改善されたかを示している。以前にも増して攻撃的になった連合軍戦闘機と会敵したドイツ軍戦闘機パイロットの疲労は、第Ⅰ飛行隊が大損害を受けた9月7日の空戦で明らかになった。その日の14時50分に4機のBf109が索敵攻撃任務に出発し、アラメイン地区に向かった。彼らはすぐに獲物を見つけた。そのハリケーン戦術偵察機には、第33、213スコードロンのハリケーンMk.ⅡCによる厳重な護衛がついていた。しかし、このときドイツ軍は重要なことを見落としていた。さらに上空にはドイツ側の戦術を真似て、第601スコードロンのスピットファイアMk.ⅤCが太陽を背にして待機していたのだ。

ハリケーンに向かって突進したドイツ戦闘機パイロットはそれぞれ狙いを定めて射撃を開始した。ところが事態はドイツ軍が予想したようには展開せずに、このとき上空からスピットファイアが降下してたちまちBf109を2機撃墜した。撃墜されたのは24機撃墜のスコアをもつフォン・リーレス・ウント・ヴィルカウと59機撃墜のシュタールシュミットであった。フォン・リーレス・ウント・ヴィルカウは灼熱の大地に不時着し生き延びた。しかし"フィフィ"・シュタールシュミットにそれほどの強運はなく、ドイツ軍戦闘報告書では行方不明とされた。これはドイツ側でその最期を確認したものがいなかったためである。400回以上も出撃を重ね、多くの空戦に勝利したエクスペルテは戦死を遂げた。彼の喪失は40機撃墜のスコアをあげていたギュンター・シュタインハウゼン上級曹長が戦死した翌日でもあったため、第Ⅰ飛行隊の戦友たちはひどく意気消沈した。この日マルセイユは違う地点でさらに2機を撃墜し、11日にはやはり2機、15日には7機の撃墜を記録した。翌16日には22歳でルフトヴァッフェ最年少の大尉に進級。マルセイユは26日にも7機を撃墜したので、9月1日から26日までに54機も撃墜したことになる。

しかしこの常軌を逸したような撃墜ペースは、彼のように一見沈着な性格の者にも悪い影響をおよぼし始めた。連合軍機はいまや従来見られなかったような攻撃的な戦術を採るようになり、わずか

捕獲された大部分の機体はただ朽ち果てるままに放置されたが、ごく少数は連合軍の手によって飛ばされ、一部の連合軍戦闘部隊では高速連絡機として使用された。かつて第53戦闘航空団第8中隊に属していたこのBf109F-4 tropは1942年遅くにマルトゥバで南アフリカ空軍第2スコードロンに引き渡された。(D. Becker)

ひと月でシュタールシュミットの全撃墜数にほぼ匹敵するほどの撃墜スコアをあげたマルセイユも、うち続く戦友の死にショックを受けていた。7機撃墜を記録した26日、その日最後の出撃でマルセイユは15分間におよぶスピットファイア編隊との乱戦を終え、その間に3機を撃墜して通算撃墜数を158機とした。このうち砂漠に進出してから記録した撃墜は151機で、これはほかの誰も成し遂げられなかった前人未踏の記録であった。だが、帰還したマルセイユは厳しい戦闘により極度に消耗しているように見えた。

　9月30日は第27戦闘航空団第I飛行隊の戦闘行動に関して特筆すべきことは何も起こらず、第I、第III飛行隊はふたたびシュトゥーカの護衛に当たるよう命じられたものの、敵との接触はなかった。この出撃でマルセイユは真新しいBf109G-2 tropに搭乗したが、基地に帰る途中で彼はエンジンから漏れたオイルに火が付いたと報告してきた。数秒後に、彼の編隊の僚機は煙がひどく吹き出し始めたのをみた。マルセイユは気も狂わんばかりで、ようやく自軍の戦線内に到達すると、離脱するために機体を半横転させ背面状態にした。そして燃え始めた機体から飛び出したところが尾翼に体をぶつけてしまった。パラシュートが少し引き出されたが開傘せず、彼らの中隊長が大地に向かって落ちていくさまを、戦友たちはゾッとしながら見守った。マルセイユは砂漠の砂地に叩き付けられ死亡し、遺体は自機の墜落地点からさほど離れていない場所で発見された。

　マルセイユ、シュタールシュミット、シュタインハウゼンの喪失は第27戦闘航

胴体に記入されたコード・レターから、このBf109 F-4 tropは南アフリカ空軍第1スコードロンの戦利品であることがわかる。個別の機体を表すアルファベットの代わりに疑問符を使うのは、北アフリカの前線部隊に共通しており、捕獲した敵機の置かれた状況を的確にあらわしている。(D. Becker)

1943年2月20日にザルズィスの南西で撃墜されたBf109G-2/R2 trop（製造番号10605）"黒の14"。パイロットのヴェルニッケ少尉は無傷で逃れた。本機は、その時点ではほとんど知られていなかった第14直協偵察飛行隊第2中隊の所属。胴体下面には偵察用カメラ装備のバルジが付いている。

空団にひどい悪影響をおよぼしたため、第Ⅰ飛行隊はすぐにアフリカからシチリアに移動を命じられた。当然パイロット、地上整備兵双方の士気はかつてないほど低下した。戦闘機隊総監アードルフ・ガランド少将は惨事が起こった直後、ドイツ空軍の戦闘機パイロットたちがいま直面している状況をアフリカ派遣空軍司令官と協議するためフカを訪れた。そこでガランドは、800機を超える連合軍機に対し、ドイツ軍にはかきあつめたところでせいぜい80機の戦闘機しかないという気が滅入るような報告を受けた。

一方、空戦の密度はさらに濃く、はげしく続いた。フカは10月9日に戦闘機と爆撃機連合に襲われ、バルチモアとキティホークが我が物顔に爆撃と地上掃射をしていった。攻撃に際してキティホークは横一直線に並んだライン・アブレスト編隊形を採り、彼らの銃火はBf109が駐機していた南側駐機場に向かって放たれた。飛行機を使えばアラメインからわずか5分の距離にあったフカはこうした攻撃に脆弱だった。連合軍の来襲はこれが最初のことではなかったが、しかしライン・アブレスト編隊形による掃射は連合軍にとって初めての戦術で、第27戦闘航空団第Ⅲ飛行隊の保有機のうち3機を破壊する結果をもたらした。

マルタ島攻撃の再開
Malta—Again

ロンメルのアフリカ軍団に対する連合軍の攻勢を緩和するため、ドイツ空軍はマルタ島の連続爆撃を計画した。アフリカ軍団の脇腹にささった刺を永久に取り除くことが渇望されていたからである。これまで同島のイギリス空軍による枢軸軍艦船に対する攻撃でかなりの被害が出ており、すでに数千トンにも上る貴重な補給物資を失っていたのだ。10月11日、空爆に向かう第1波がシチリアの飛行場を離陸した。

ドイツ軍の急降下爆撃機と爆撃機部隊の攻

他の機体を飛行可能とするために、いくつかの部品が抜き取られた所属部隊不明のこのBf109F-4 tropは、翼上面の国籍標識が左右異なることから、別の機体から持ってきた主翼を装着したものである。遺棄されてから長期間経過した機体の横で、機関銃とその弾薬が熱砂に焼かれている。(D. Howley)

砂漠の地上戦が峠を越した1942年10月下旬に遺棄されているのが発見されたBf109F-4 trop。ほとんど新品にみえるこの機体は、第53戦闘航空団第Ⅲ飛行隊第7中隊に所属していた。(Robertson)

撃が中断されていたあいだ、マルタでは地中海方面の全般的な兵力増強の恩恵にあずかり、以前はドイツ軍機の迎撃に旧式なハリケーンMk.Iを使っていたのに対し、いまやスピットファイアMk.Ⅴ B/Cが待ち構えていた。6波にわたるJu88の攻撃隊にはそれぞれ護衛の戦闘機が随伴していったが、最後の攻撃隊だけは不可解にも護衛がまったく付かなかった。

1943年4月始めにシチリアで撮影された第53戦闘航空団第8中隊機。手前の機関砲ゴンドラ付Bf109 G-4 tropは第8中隊長フランツ・シース中尉の乗機で、方向舵には37機の撃墜スコアが記されている。(Crow)

11日の第3波は第77戦闘航空団第Ⅰ飛行隊と第53戦闘航空団本部のBf109に護衛されていた。2機のスピットファイアが第77戦闘航空団のホルスト・シュリック軍曹とジークフリート・フライターク中尉によりそれぞれ撃墜され、3機目が第53戦闘航空団のフランツ・シース少尉によって落とされた。マルセイユが「アフリカの星」として知られるように、フライタークはその戦果により「マルタの星」として知られるようになった。彼はマルタ上空で73機の撃墜スコアをあげ、戦争終結までの総撃墜数は102機に達した。

Ju88が毎回の爆撃で投下した爆弾は広い範囲に散らばったが、それでも多くの英戦闘機を破壊した。しかし、1週間にわたったこの攻撃では、第27戦闘航空団第Ⅰ飛行隊、第53戦闘航空団第Ⅱ飛行隊、第77戦闘航空団第Ⅰ飛行隊の活躍にもかかわらず、ドイツ軍の損害は甚大だった。7日間の攻撃で34機のJu88と12機のBf109が撃墜され、さらに18機が撃破された。これに対し、イギリス空軍はスピットファイア23機を撃墜され、20機が不時着を余儀なくされた。それでも1940年の「イギリス本土航空戦」のときと同様、戦死したパイロットは12名にすぎず、対するドイツ軍はたとえ負傷せずに地上へパラシュート降下できても捕虜となる運命だった。ドイツ空軍の攻勢はあまりにも遅すぎた。

1942年10月、シチリア島コミソ飛行場の情景。第53戦闘航空団第6中隊のBf109G-2 trop(手前の"黄の9"は製造番号10522)、第41偵察飛行隊に所属のBf110CやJu53/3m輸送機などで混雑している。当時第53戦闘航空団第Ⅱ飛行隊はチュニジアに向け出発しようとしていた。Bf109のコクピット内温度が上がらないよう、手前と奥の機体はキャノピーを防水布で覆っている。(Weal)

chapter 4

新たな敵
new adversaries

　海路と空路の安全が確保され北アフリカに届く補給物資が大幅に増えたことから、連合軍はモンゴメリーの元へ結集され、第8軍に決戦を挑めるだけの兵力が増強されたのち、ロンメルのアフリカ軍団に対し進撃を開始した。1942年10月23日にエル・アラメインの戦いが始まったとき、ドイツ軍は連合軍機の対地攻撃を伴った猛烈な砲撃や戦車攻撃で浮き足立ち、すぐさま撤退を始めた［編注：第二次エル・アラメイン戦。9月のアラム・ハルファへのドイツ軍攻勢を頓挫させたことで、戦いの主導権はイギリス軍へと移っていた。モンゴメリー将軍は充分な準備のもと10月23日に大反撃を開始。1週間の激戦ののち、ドイツ軍戦線は崩壊し、1000キロ後方のエル・アゲイラを目指しての大撤退が開始された］。10月末までにはドイツ空軍の支援がかなり弱体化したため、アフリカ軍団ははっきりと守勢に転じた。それでも第27戦闘航空団本部と第II、第III飛行隊、第53戦闘航空団第III飛行隊、そして第2地上攻撃航空団第I飛行隊（I./SG2）のフォッケウルフFw190ヤーボが全力をつくして地上軍の支援に当たっていた。10月27日には、第27戦闘航空団第I飛行隊が第77戦闘航空団第I飛行隊とともに、シチリア島からアフリカの戦場に戻り、それと入れ違いに、戦いに疲弊した第53戦闘航空団第III飛行隊がシチリアへ移動した。

　さらに第27戦闘航空団をそっくり第77戦闘航空団と交替することが決定され、これを受けてまず第III飛行隊が東部戦線から到着。あのヨアヒム・ミュンヘベルク少佐が指揮を取る第77戦闘航空団本部がそれに続いた。約18カ月前にマルタ島上空で見せた活躍以来、ミュンヘベルクの撃墜スコアは100機を超えており、彼の部下は全般にロシアでの成功に気を良くしていた。

　しかし、到着翌日の10月29日、第77戦闘航空団第III飛行隊のパイロットは、

干し草を積み上げた間に合わせの掩体壕に囲まれた、与圧式コクピット装備のBf109G-1 "黄の8"。1943年初め、チュニジアでの撮影。この機体はかつて第2戦闘航空団第11中隊に所属し、同中隊が地中海戦域に派遣されてから第53戦闘航空団第3中隊に移籍された。G-1は与圧式コクピットを装備したBf109の最初の量産型であり、始まって間もないアメリカ陸軍航空軍のB-24による侵攻を阻止するためチュニジアに送られた。G-1は機首上部に2挺のMG17 7.92mm機関銃とプロペラの回転中心から発射するMG151/20 20mm機砲を備えていたが、防御火器が充実したB-24に対抗するに十分な兵装とはいえなかった。そこで両翼下面へ1挺ずつのMG151/20を追加するゴンドラ武装が登場し、これはほんの1連射で4発爆撃機を撃墜できる威力をもっていた。(Weal)

この戦線は予測がつかず、東部戦線よりはるかに危険であることを悟ることになった。この日、第7中隊長で40機撃墜のスコアをもつヴォルフ=ディートリヒ・フイ大尉はスピットファイアの編隊とのはげしい空中戦で撃墜され、パラシュート降下したのちに捕虜となった。この日は第27戦闘航空団第I飛行隊も北アフリカ戦のベテランである第1中隊長ルートヴィヒ・フランツィスケット大尉が撃墜され、足を骨折するという痛手を受けた。このときまでに彼の撃墜スコアは39機に達しており、砂漠へ進出してからの戦果はそのうち25機であった。

11月に入ってもドイツ軍は連合軍の攻勢のため退却を続けており、事態はロンメルがエジプトを放棄して、キレナイカに撤退するところまで悪化していた。ドイツ軍戦闘機隊もまた、途中シディ・バッラニ、メナスティール、ガンブトといった馴染み深い飛行場に短期間留まりながら退却していった。西に向けた慌ただしい退却に際しては、飛行場を移動するたびに修理不能の飛行機を多数遺棄していった。こうした撤退の間に出撃可能機数がわずか3機にまで落ち込んだ第27戦闘航空団第II飛行隊は、ガンブトでBf109G-2 tropを受領して、11月6日までにふたたび戦力を回復した。

およそ1週間後、第27戦闘航空団はアフリカからの撤退を命じられ、ついに航空団の歴史のなかでもっとも重要な時期を終えることになる。航空団本部と第I飛行隊はドイツ本国に帰還したが、第II飛行隊はクレタ島へ、第III飛行隊はギリシャへと別れて行った。

第27戦闘航空団が残していったBf109をすべてもらい受けた第77戦闘航空団は、退却を続けるアフリカ軍団と行動をともにした。その間にドイツ軍は、連合軍が「トーチ（たいまつ）作戦」を敢行し、フランス領北アフリカのモロッコとアルジェリアに上陸したことを知った［編注：連合軍による「トーチ作戦」は1942年11月8日に開始された］。それはアフリカ軍団を西と東から挟撃する、という恐ろしい可能性の前兆かもしれなかった。12月までに北アフリカの部隊改編がさらに進み、アントン・マーダー大尉が指揮する第77戦闘航空団第II飛行隊が東部戦線からリビアに移動してきた。この措置により、ほとんど中隊規模の小勢力にまで落ち込んでいた第27戦闘航空団第II飛行隊の戦力を、やっとイタリア本土で回復させることが可能となり、それは何週間もの退却に耐えてきた隊員にとって歓迎すべきことであった。

トーチ作戦への対抗措置
Countering Torch

北アフリカに到着するやいなや、大戦開始以来通算1000機目となる撃墜戦果をあげた第77戦闘航空団第I飛行隊は、この新たな戦場で敵とのはげしい戦闘に直面していた。第II飛行隊は作戦開始早々に多くのBf109を失い、エクスペルテを相手にしても、連合軍機にドイツ軍機を撃墜するだけの能力があることを知った。

枢軸軍の関心はいまやモロッコとアルジェリアに向けられ、上陸作戦に対するルフトヴァッフェの限定的な対

第27戦闘航空団第IV飛行隊のハインリヒ・バーテルス上級曹長（右）と愛機のBf109G-6 trop「マルガ」。編成されて間もない第IV飛行隊がアテネ近郊のカラマキに駐留していた1943年11月17日に、バーテルスはこの機体で70機目となる撃墜を記録した。数日後に撮影されたこの写真では、使用燃料のオクタン価を示す黄色に白縁付の三角マーキングや、方向探知器のループ・アンテナがよくわかる。(Weal)

応策として、シチリアにいた第53戦闘航空団第I、第III飛行隊をチュニジアのチュニスに派遣、両飛行隊とも11月中旬までここで作戦に従事した［編注：フランス領北アフリカに上陸した連合軍が抵抗する現地フランス軍を制圧すると、アフリカ戦線の失陥をおそれたドイツ軍は増援部隊を次々と送り込んだ。このときロンメルはモンゴメリーの英第8軍の包囲を受けて、エジプトからチュニジアへ向け撤退中であった。11月23日、ついに連合軍と枢軸軍が衝突し、翌年までつづくチュニジア戦の火蓋が切られた］。ドイツ空軍の戦闘機パイロットが新たな戦場で直面した状況は彼らの気に入らなかった。連合軍は地上軍に対する支援に数百機もの戦闘機を繰り出し、多くはP-38、P-40、スピットファイアですべてアメリカ陸軍航空軍の所属であった。ロッキードP-38ライトニングは高高度性能でBf109Gよりもすぐれていた。もしも敵が迅速に進撃を始めたら、もっと多くのドイツ軍機が必要になるのは明白である。

　この新たな危機に直面して、北アフリカはまたもや慌ただしくなった。第51戦闘航空団第II飛行隊(II./JG51)が最初の増援部隊として到着し、Fw190Aを装備した第2戦闘航空団第II飛行隊(II./JG2)がこれに続いた。同飛行隊のFw190は、地中海戦域に戦闘機としての任務で派遣された最初のFw190であった。一方、シチリア増援のため第2戦闘航空団第11中隊が派遣され、第53戦闘航空団第II飛行隊の指揮下に入った。また第51戦闘航空団第II飛行隊の増援として第26戦闘航空団第11中隊が派遣された。

　悪化する天候のなかで、ドイツ空軍の戦闘機パイロットはすでにヨーロッパからアフリカに移駐していたアメリカ軍重爆撃機をも迎え撃たなければならなかった。こうしたドイツ戦闘機隊にとって終わりのない憂鬱のなかでわずかな救いを、「トーチ作戦」を支援した新来のアメリカ軍戦闘機部隊がもたらした。アメリカ陸軍の戦闘機部隊は北アフリカでの運用に適さない装備によって、ドイツ戦闘機と対戦した際に大きな代償を払うことになったのである。

　会敵した連合軍機がBf109より完全に劣った機種であった場合、相手のパイロットがいかに経験豊富であろうと、好機はドイツ軍にも巡ってきた。恐ろしいまでに不完全なブレニムMk.Vの派生型で、機首に4挺の機関銃を備えた地上攻撃機のブリストル・ビスレイ(ブレニムMk.VB)はそうした機体であった。12月4日、中隊長ユーリウス・マイムベルク中尉の率いる第2戦闘航空団第11中隊機は、11機から成るビスレイの編隊と遭遇し全機を次々に撃墜。マイムベルク自身はこのうち3機を撃墜した。この不運なビスレイは第18スコードロンの所属機で、ボネやその他の飛行場をドイツ軍に使わせないために駆り出されたものだった。だがそれはいまだ枢軸軍戦闘機の勢力下にある地区へ、旧式機を護衛もつけずに裸で送り込むという無謀な行為であった。もっとも、一

汚れひとつない状態と、注意深く記入された撃墜スコアがわかるバーテルス機(製造番号27169)の尾翼。バーテルスはこの時点で第IV飛行隊のトップ・エースであった。彼の飛行服、とりわけ黒シャツがこの戦域ではいささか不釣り合いな印象である。バーテルスは1944年12月23日にボン上空でP-47との空戦ののち、行方不明となった。

地中海戦線はこのときには砂漠から樹木の多い温暖な地域に移っていたため、第53戦闘航空団本部と第II飛行隊に属するBf109G-2 tropの胴体上面には、シチリア島コミソで1942年10月に撮影されたこの第5中隊機にみられるような緑の斑点が塗られた。飛行隊のチュニジアに向けた移動に際して集められた雑多な備品が手前に写っており、地上要員は後方のJu52/3mにこれらを積み込むため、リストの照合に忙しい。

四章●新たな敵

般的に連合軍はより性能がすぐれた機種を使用していたので、このような成功はめったに繰り返せるものではなかった。

こうしたなかで、第53戦闘航空団第II飛行隊が第III飛行隊と交替し、第III飛行隊は一時的にアフリカから引き揚げた。第77戦闘航空団はチュニジア南部に、第2戦闘航空団と第51戦闘航空団はチュニジア中央部に留まった。北アフリカにおける第二戦線が拡大していくとともに各飛行隊の損害は増加し、ほかのパイロットの模範となるような多数の撃墜戦果をもつエクスペルテが帰還しなかった場合にはとりわけ深刻だった。彼らはドイツ空軍戦闘機隊の精華であり、実質的に交代が利かない人材なのだ。1943年1月2日、20機の撃墜戦果をもつアントン・ハフナー軍曹がスピットファイアに撃墜され、負傷して病院に収容された。それでも戦死せずにすんだことは、第51戦闘航空団第II飛行隊にとって幸いだった。撃墜機数に目を向けてみると、すでに多くの戦果を誇っていたミュンヘベルク、ベーア、ハックル、フライタークは記録をさらに伸ばしていた。ドイツ戦闘機隊は、空戦が非常に不利な場合でも、めったなことでは逃げなかったのだ。

100機以上の撃墜機数を誇るエクスペルテのひとり、第53戦闘航空団第I飛行隊のヴィルヘルム・クリニウス少尉は、チュニジア南部で戦っていた。地中海方面で14機のスコアをあげ通算撃墜数を114機とした彼は、1月13日にスピットファイアに撃墜され捕虜となった。1月14日、第77戦闘航空団第III飛行隊長のクルト・"クーデル"・ウーベン少佐の通算撃墜数が100機に達した。彼は地中海戦役の初期の1941年5月22日、部下とともにBf109E-4/Bでクレタ島近海においてイギリス海軍の戦艦HMS「ウォースパイト」を撃破するという殊勲をあげたパイロットでもあり（14頁を参照）、のちにフランスでJG2航空団司令となる。ほかにも北アフリカを飛ぶ多数機撃墜記録保持者にエルンスト=ヴィルヘルム・ライナート少尉がいた。それまでの戦果はほとんどソ連機であったが、彼は1943年3月13日の午後にきわめて実り多い日を迎え、ガベスで2機のP-40を撃墜、夕方には4機のP-39を撃墜して、通算135機に達した。

カセリーヌ峠の突破にほぼ成功したロンメルは、その過程でアメリカ軍にかなりの損害を与え、エル・ハンマの防衛線を包囲しようという連合軍の攻勢を何とか持ち堪えた［編注：1943年2月14日、ドイツ軍は「春の風作戦」を開始し、ファイド峠の西に位置するシディ・ブ・ジドのアメリカ軍陣地を攻撃。チュニジア東部の戦いはこのドイツ軍の攻勢で再度激化した。アメリカ第1機甲師団は40両

おそらくパンテレリア島で1942年夏に撮影されたと思われる、第53戦闘航空団第4中隊機。"白の7"と右手前にはシェヴロン付のBf109F-4 tropが写っている。この写真の機体はすべて300リッター落下燃料タンクを装備し、前線上空における長時間の哨戒飛行が可能だった。落下タンクはBf109の運動性能をかなり低下させるためパイロットから嫌われ、実際の戦闘が始まると直ちに投棄された。

1943年3月にチュニジアのラ・マルサで第53戦闘航空団第4中隊の実際の緊急発進をとらえた写真。この臨場感あふれる場面には、フリッツ・ディンガー中尉（67機撃墜）の"白の4"とシュテファン・リトイェンス上級曹長（38機撃墜）の"白の5"が写っている。数秒後には空爆を阻止するために連合軍機の迎撃に向かう。(Weal)

以上の戦車を失って、18日、カセリーヌ峠まで退却。ロンメルは空軍の爆撃によう援護を得ながらこれを突破するが、22日に進軍を中止し、モンゴメリーのイギリス第8軍と交戦するために撤退した]。前線で続いた激戦は地上のみならず、上空でも同様なはげしい空戦が起き、両軍ともかなりの損害を被った[編注：その後、カセリーヌ峠から引き返したロンメルは、チュニジア南東のガベス湾に面したマレトでモンゴメリーの軍と対峙。3月6日、ドイツ軍は攻勢を開始したが、連合軍のはげしい砲火を浴びて50両以上の戦車を撃破され、作戦はたった1日で中止された。同月9日、ロンメルは空路ドイツへ帰国し、ヒットラーに援軍の派遣を直訴したが、ヒットラーはこの要求を退けてロンメルに病気療養を命じた。ロンメルの後任はユルゲン・フォン・アルニム上級大将が務めた]。

　3月23日、ドイツ空軍はまたも優秀なパイロットの死に衝撃を受けた。あのヨアヒム・ミュンヘベルクが索敵攻撃任務から帰還しなかったのだ。アメリカ軍のスピットファイア編隊が接近したとき、ミュンヘベルクはすぐに攻撃に移り135機目を撃墜した。しかし攻撃時に敵に接近し過ぎたため、その偉大なエクスペルテは撃墜した敵機と衝突したのだった。ミュンヘベルクの代わりには、東部戦線で第52戦闘航空団第Ⅱ飛行隊長を務めていたヨハネス・シュタインホフ中佐が選ばれた。すでに柏葉付騎士鉄十字章を佩用し、第77戦闘航空団司令に就いた時点で157機撃墜のスコアを誇った"マッキ"・シュタインホフはドイツの戦争遂行に確固たる考えをもっており、地中海方面のドイツ戦闘機隊に対して空軍上層部が採った施策の誤りに関しては、のちにバランスのとれた批判を展開した。彼はこの方面で急速に進んでいったドイツ戦闘機隊の崩壊を経験している、数少ない生き残りであった。

　18機の損失と引き換えに150機近くの目覚ましい撃墜戦果をあげて、1943年3月中旬に第2戦闘航空団第Ⅱ飛行隊はFw190とともにフランスへ戻っていった。一方、シチリアでは連合軍爆撃機による空爆が強化されており、第53戦闘航空団第Ⅲ飛行隊の増援に第27戦闘航空団第Ⅱ飛行隊が派遣された。シチリアに駐留したドイツ戦闘機隊にはもうひとつずっと人気がない任務があった。アフリカ軍団のために補給物資を運ぶJu52や巨大なMe323などの輸送機を護衛する任務である。イギリス海軍が沿岸の港を効果的に封鎖したため、空路は唯一残された補給路であった。もしも連合軍機が補給物資を満載した輸送機を攻撃した場合、その当時ドイツ空軍は少数の戦闘機しか護衛に付けられなかった上に、連合軍パイロットは戦闘機を避けて輸送機に攻撃を集中

右頁上●1943年の晩夏にシチリア島コミソの広大な飛行場が連合軍に占領されると、ただちに正式なイギリス空軍調査チームによる20mmゴンドラ武装付Bf109G-6 tropの詳細な調査が始まった。右翼の機関銃身が失われているのは、イギリス第8軍兵士が、なんと記念品として持ち去ってしまったためである。この機体のはるか後方にはシチリアに最初に飛来した連合軍戦闘機の1機である、スピットファイアMk.VCが写っている。

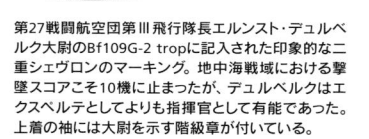

第27戦闘航空団第Ⅲ飛行隊長エルンスト・デュルベルク大尉のBf109G-2 tropに記入された印象的な二重シェヴロンのマーキング。地中海戦域における撃墜スコアこそ10機に止まったが、デュルベルクはエクスペルテとしてよりも指揮官として有能であった。上着の袖には大尉を示す階級章が付いている。

このBf109G-2 tropもまた連合軍に捕獲された1機であり、もとは第14直協偵察飛行隊第2中隊に所属していた。あまり知られていない同中隊章がカウリングに記入されている。写真は機体上面をダーク・オリーブ・ドラブに塗り直され、イギリス空軍のラウンデルが記入されてからのちの、1943年9月5日に撮影された写真。スペアパーツの欠乏から捕獲された機体が長期間飛行できるのは稀であった。

せよとの命令を受けていたため、被墜は免れない運命だった。

このころ、ドイツ空軍の、あらゆる種類の航空機の基地は、シチリア島そしてイタリア本土へと設営場所がしだいに移っていった。このためチュニジアの狭い地域に封じ込められた地上の枢軸軍は、その支援をほとんど得られない状況に陥った。

4月19日、第51戦闘航空団第Ⅱ飛行隊は北アフリカから撤退してシチリアのサン・ピエトロに移動した。翌20日の午後、第53戦闘航空団第3中隊長のヴォルフガング・トネ大尉はチュニジアの前線でアメリカ軍のスピットファイア多数と交戦し、Bf109Gで121機目と122機目に当たる2機を撃墜したのち、チュニス近郊のプロトヴィレで着陸直前に墜落し死亡した。彼は地中海戦域では26機を撃墜していた。

チュニジアでまだ枢軸軍の勢力下にある地域にはシチリアから支援機が飛来してきた。しかし、航続距離が短く落下タンクを装備したBf109のための燃料と弾薬の補給に用意された飛行場は、満足な整備もされていなかった。晩春までには実質的に全員が捕虜となる恐れが出てきたにもかかわらず、整備兵たちは戦闘機を出撃させるため懸命に働いた。

ドイツ軍にとって全般的に不利となった他の戦域の情勢に呼応するかのように、1943年春に連合軍はチュニジアのアフリカ軍団の残存兵力を殲滅するための最後の攻勢を開始した。この攻勢は4月22日に始まったが、ドイツ軍にはすぐに押し止めることができないと分かった。先端にボン岬がある半島から出撃した第77戦闘航空団とシチリアからの第27戦闘航空団は、かつてないほど強力になった連合軍空軍兵力に対し貧弱な抵抗しかできなかった。

5月7日までにビゼルトとチュニスが連合軍の手に落ち、ドイツ空軍の敗残兵力はシチリア島かイタリア本土の飛行場への撤退を命じられた。それから1週間も経たない5月13日に北アフリカは完全に連合軍が支配するところとなった。ムッソリーニはヒトラーから相当の援助を受けながらも、この地域へ新たな帝国を築くことに失敗した。ルフトヴァッフェの受けた人的損害は甚大であった。ドイツ人

中●シチリアのカターニア飛行場から勇躍離陸しようという第51戦闘航空団「メルダース(Mölders)」第Ⅱ飛行隊のBf109G-6 trop。(Robertson)

下●グラウンド・ループを起こす恐れがあるBf109の離着陸はつねに緊張を強いられる。通常、離着陸はグラウンド・クルーの監視下で行われるが、時には埃っぽいシチリアの飛行場で1943年4月に撮影されたこの写真のように、わずか1名の整備兵が見守ることもある。このBf109G-6 tropは第51戦闘航空団第Ⅱ飛行隊に所属し、鷹の頭を描いた有名な航空団記章が、過給機空気取入口の直前に記入されている。

にとってヨーロッパほどの重要性がないはるか遠くの大地で、少しの得る物もないままに多くのパイロットと飛行機が失われたのだ。支払った代償はあまりにも大きすぎた。

シチリア
Sicily

　連合軍がチュニジアだけにとどまらず、さらに北を目指す意図があるのは明白であり、枢軸軍上層部は次の攻撃がどこに加えられるかを不安をもって待ち構えた。いまやすべての切り札は連合軍に握られていた。連合軍はアフリカの沿岸とイタリア本土とのあいだに位置し、全島要塞化したパンテレリア島を占領。第27戦闘航空団第II飛行隊の戦闘機パイロットたちは、こうなることを予期していたかのようだった。すぐさま大規模な空爆だけで同島を再占領することが決定され、いささか実験主義的な傾向が認められる作戦ではあったが、のべ数百機の双発爆撃機による数次におよぶ波状攻撃が実施された。爆撃機の護衛にあたった第27戦闘航空団第II飛行隊は、5月18日から31日までのあいだに25機を撃墜してかなりの成功を収めた。

　連合軍の次の大規模な攻勢は当然シチリアに向けられると予想されたため、同島の防衛戦力増強が急務となった。サルデーニャ(サルディニア)島には第51戦闘航空団第II飛行隊と、かなり多数のイタリア軍戦闘機隊が残っており、シチリア島にはドイツ戦闘機隊のほかにFw190ヤーボを装備した地上攻撃飛行隊も派遣されていた。もっぱら迎撃任務に使われたBf109は、このころG-4とG-6に替わり、機内武装以外に翼下面にゴンドラ装備の20mm機関砲か21cmロケット弾を装備していた。

　新品の戦闘機が続々と第27戦闘航空団第III飛行隊に配備され、新たに第IV飛行隊が編成されつつあった。一方、第77戦闘航空団はチュニジアを撤退する際に整備兵の大半を置き去りにして失い、しばらくは補充無しでやっていかなければならなかった。第77戦闘航空団本部と第I、II飛行隊はシチリアにとどまったが、第III飛行隊はサルデーニャの第51戦闘航空団第II飛行隊と合流した。7月には、東部戦線で70機以上の撃墜戦果をあげたフランツ・バイアー大尉に率いられた第3戦闘航空団第IV飛行隊(IV./JG3)が、新たにイタリア本土のフォッジアに移動してきた。

　このころになると、連合軍の次の攻略予定地がシチリアであることに関してはほとんど疑問の余地はなかった。北アフリカの喪失後、ヘルマン・ゲーリング国家元帥はその責任を戦闘機隊に求め、罵りの言葉を投げつけたが、戦闘機パイロットたちは来るべき猛攻撃に立ち向かう用意を成していた。国家のために犠牲をはらうことに疑問を抱くパイロットがいたとしても、それは敗北主義にはつながらなかった。

　アードルフ・ガランドはこのときシチリアにいて、手持ちの戦闘機戦力をすべて統合し戦局に対処すること

戦況の退潮が決定的になった1943年夏に、プロペラの巻き上げる埃のなかから、第51戦闘航空団第II飛行隊第4中隊のBf109G-6 tropがサルデーニャの飛行場を発進する。第51戦闘航空団では第II飛行隊を表す横棒を通常の胴体後部でなく、機体番号の前に記入していた。

を準備していた。彼の考えは、その当時シチリアの上空を我が物顔に飛び回っているアメリカ軍重爆撃機に、強烈な打撃を与えるということであった。もしもBf109が毎回の迎撃ごとに多数の爆撃機を撃墜できれば、たとえ短期間であっても上陸作戦を遅らせることができるに違いないとガランドは信じていた。しかし、彼のもくろみは無残に失敗した。出撃したBf109はB-17の高高度爆撃とB-26の低空攻撃のあいだで戸惑い、どちらの迎撃にも失敗した。"マッキ"・シュタインホフだけがB-17編隊との接触に成功し、1機を撃墜した。こうしたことがあったのちにゲーリングから届いた電報には、各戦闘飛行隊から1名ずつのパイロットを軍法会議にかけるという脅迫文が記されていた。

Bf109G-4の火力を大幅に向上させた20mmゴンドラ武装付の機体下面をとらえた一葉。1943年春にシチリア島のトラーパニ飛行場へ着陸するところを撮影された、この第27戦闘航空団第Ⅱ飛行隊機は、落下燃料タンクを付けたままである。

このばかげた脅しは実行されず、それどころか士気の上で悪化した状況を改善する助けにはまったくならなかった。しかし、慢性的な迎撃機の不足に悩まされていたドイツ軍戦闘機パイロットたちの奮戦ぶりについては、多くのアメリカ軍爆撃機搭乗員たちが同意するところであろう。7月2日、第27戦闘航空団第Ⅱ飛行隊はレッチェ上空でB-24を4機撃墜し、翌日には第77戦闘航空団第Ⅰ飛行隊が5機のP-40を撃墜した。一方で第77戦闘航空団第Ⅱ飛行隊はB-17とモスキート写真偵察機の迎撃に向かい、モスキートについてはついに撃墜に成功した。これは地中海戦域で最初に撃墜されたモスキート偵察機であった。写真偵察機はドイツ軍にとってつねにうるさい存在で、それを捕捉するためあらゆる手段が取られたが滅多に成功しなかった。

連合軍のシチリア上陸
Sicily Invaded

写真偵察時に何度かは妨害が入ったにもかかわらず、ドイツの航空戦力を含めた枢軸軍に関する連合軍の情報は十分過ぎるほど正確で、1943年7月10日にシチリア島上陸の「ハスキー作戦」が開始された〔編注：連合軍のヨーロッパ侵攻（反撃）にあたって、北西ヨーロッパからの進撃を主張していたアメリカに対し、チャーチルは弱体化したイタリアの攻略から始めることを主張。最終的にアメリカはこれを承諾し、まずはシチリア島から攻略することで合意した。パットン将軍率いるアメリカ第7軍と、モンゴメリー将軍率いるイギリス第8軍がこの兵力に充てられた〕。

防衛の素振りを少し見せたのちサルデーニャの戦闘機はシチリアに呼び戻され、第51戦闘航空団第Ⅱ飛行隊の39機のBf109はすぐに移動した。戦力が低下した第Ⅱ飛行隊はトラーパニで第27戦闘航空団本部、同第Ⅱ飛行隊、第

強力な空軍力を背景に連合軍が占領した飛行場における、ドイツ軍機の末路を雄弁に物語る写真。基地への執拗な爆撃により消耗したドイツ空軍は、戦力を維持することができず撤退するしかなかった。これらのBf109G-6 tropは、コミソ飛行場を使用可能とするためイギリス軍工兵隊によって、ブルドーザーで爆撃孔も生々しい飛行場片隅に押しやられたものである。手前の"黒の7"は第77戦闘航空団第2中隊に所属した製造番号18183で、右奥の機体には第51戦闘航空団第Ⅱ飛行隊付副官のマーキングが記入されている。(Robertson)

77戦闘航空団第II飛行隊と共同戦線を張り、この危機に直面してすべての中隊が最初から戦闘に参加した。連合軍機がシチリア島のいたるところで敵機を求めて飛び回っていたため、ドイツ軍は標的が少ないといって不満を述べるようなことはなかった。

　連合軍機が大群で飛び交うなか、ドイツ戦闘機パイロットにとって離陸さえ自殺同然の試みとなった。「ハスキー作戦」の初日には6機の連合軍爆撃機を撃墜したが、Bf109も4機撃墜された。戦闘機隊が敵の爆撃機迎撃のみならず、イタリア本土へ退却の際の海路であるメッシーナ海峡の上空援護という、ふたつの任務に奮闘していたとき、カターニャ南西のジェルビニ飛行場は連合軍の爆撃で穴だらけにされた。爆撃に遭った飛行場は応急処置により作戦続行が可能となったが、第51戦闘航空団第II飛行隊を除いたすべての部隊はシチリア北東部に撤退した。だが奮戦空しく、連合軍は進撃し、爆撃で傷つかなかった少数のドイツ軍機だけが、フォッジア平野に所在する多くの飛行場目指して撤退していった。

　そうした状況で、ヴェルナー・シュロアーを含む少数のパイロットだけが撃墜スコアを増やしていった。7月15日に第27戦闘航空団第III飛行隊がギリシャからイタリア南部、タラント北東のブリンディシへ増援のため飛来した。第III飛行隊第8中隊長のヴォルフ・エテル中尉はすでに120機のスコアをあげていた騎士鉄十字章佩用者で、シチリア上空の戦いで2日間に4機を追加した。16日正午過ぎに第III飛行隊は第27戦闘航空団第II飛行隊と共同してB-24編隊の迎撃に向かい9機を撃墜し、そのうちエテルとシュロアーが2機ずつの戦果を記録している。しかし翌日には不運が同飛行隊を襲い、5機を撃墜された。そのなかにはカターニアの南方で低空攻撃の際に対空砲火に撃墜され戦死したエテルも含まれていた。エテルには柏葉付騎士鉄十字章が追贈された。

　最後まで残った第51戦闘航空団第II飛行隊もいまやイタリア南部に退却する列に加わった。このとき出撃可能な機体はわずか4機にまで減少していた。圧倒的に優勢な敵に対し、ドイツ国防軍はそれでもシチリアに増援部隊を送ることをしなかった。戦いに疲弊した兵員への補給物資を運ぶJu52編隊の護衛に第27戦闘航空団と第77戦闘航空団があたり、襲いかかるスピットファイアに全力で立ち向かった。しかし、敵から逃れることができた輸送機は少数だった。もちろん損失は輸送機だけにとどまらなかった。53機を撃墜した第77戦闘航空団第1中隊長のハインツ＝エトガル・ベレス中尉が7月25日に戦死し、騎士鉄十字章が追贈された。67機撃墜のスコアをもち騎士鉄十字章の佩用者である、第53戦闘航空団第4中隊長のフリッツ・ディンガー中尉も戦死した。シチリアの臨時飛行場にいた7月27日に爆撃の犠牲となったのだ。3日後、ドイツ本国防空のため、第27戦闘航空団第II飛行隊に帰還命令が下った。保有機はフォッジアに駐留していた第3戦闘航空団、第53戦闘航空団と第77戦闘航空団が使用することになった。第51戦闘航空団第II飛行隊もまた再編のためドイツへ帰還した［編注：8月17日までに、枢軸軍はメッシーナ海峡対岸のイタリア本土へと撤退していた。同日、連合軍はついにメッシーナへ達し、シチリア全土をその手中におさめた］。

　イタリアはドイツ軍上層部から次第に信頼を失い、戦争の敗因になるだろうとさえ思われてきた。イタリア南部に対する連合軍の空爆がさらにはげしさを増したとき、ドイツ軍の防衛体勢はドイツ戦闘機隊の奮闘にかかっていた。工業地帯、鉄道、ドイツ軍基地への連合軍機の攻撃に対するイタリア軍の防空

戦力は、まったく無いに等しかったのである。

連合軍の戦闘機がイタリアのドイツ軍基地を地上掃射できるほど、敵味方の基地は接近した。死傷者は少ないとはいえ、機体の損失と補充の競走になった。たとえば、8月25日のフォッジア地区に対するP-40の攻撃はほとんど妨げられずに地上の大半の枢軸軍爆撃機を破壊した。5日後、今度は第3戦闘航空団と第77戦闘航空団のBf109が中型爆撃機の護衛に随伴していたP-38を13機撃墜したが、爆撃機の受けた損害は軽微だった。ほとんど役に立たない爆撃機を地上で失ったのはドイツ空軍にとって忍びうることだが、ドイツ戦闘機隊が米戦闘機を落としても、得るものは少なかった。ドイツと連合軍がおたがいにとって最良の目標を叩き得ないのは、よくあることだった。

サレルノ
Sarerno

8月30日、第53戦闘航空団第II飛行隊はカンチェロの操車場爆撃に向かう連合軍爆撃機を迎撃し、護衛のP-38との空中戦でライトニング10機を撃墜した。その一方で第53戦闘航空団は9月2日に、67機の撃墜スコアをもち騎士鉄十字章の受章者である第8中隊長フランツ・シース大尉を空戦で失い、彼の乗機は地中海に墜落した。さらにドイツ軍に強烈な打撃が襲ってきた。イタリアが連合軍と単独で休戦したのだ。[編注：1943年7月25日、ムッソリーニがクーデターで失脚、代わりにイタリア政府の首班となったピエトロ・バドリオはただちに連合国との休戦交渉を開始した。9月3日に休戦協定が調印、同月8日に布告された]。それでもヒットラーはヨーロッパ南部戦線を放棄せずに、あくまでも踏みとどまって連合軍と戦う道を選択した。

9月9日、連合軍はドイツ空軍の抵抗をほとんど受けることなく、イタリア南部のサレルノに大部隊を上陸させた。サレルノから急進撃する連合軍と、ドイツ軍防衛線のあいだには、わずかな距離しかなく、こうしてイタリア半島を巡る攻防戦は始まった。

9月末にフォッジアが放棄され、ドイツ戦闘機隊はローマ周辺の飛行場目指して北方に退却。第3戦闘航空団第IV飛行隊は戦力を温存するため、サルデーニャ島を撤退してドイツに戻り、第77戦闘航空団第III飛行隊はルーマニアに、第53戦闘航空団第II飛行隊はオーストリアにそれぞれ向かった。第51戦闘航空団第I飛行隊はドイツ南部に戻り、ハンス・"ゴッケル"・ハーン大尉が飛行隊長を務める第4戦闘航空団第I飛行隊（I./JG4）がルーマニアからイタリア北部に移動してきた。

イタリアに駐留するすべてのドイツ軍戦闘機部隊の指揮を執るイタリア方面戦闘機隊司令部の実質的な幕僚部は、1943年7月までに創設されていた。1943年1月から8月までのあいだ、イタリア方面空軍司令官を務めるアレクサンダー・ロール大佐が幕僚長だった。10月初めに、それまで第53戦闘航空団司令を務めていたギュンター・フォン・マルツァーン大佐がイタリア方面戦闘機隊司令官に任命された。

chapter 5

イタリア戦線の崩壊
italian debacle

防衛戦での攻防
Gustav Line

　ドイツ軍はイタリア半島を横切るかたちでいくつもの防衛線を敷き［編注：有名なものだけでも南から、「冬季ライン」「グスタフライン」「ヒットラーライン」「シーザーライン」、ローマの北には「アルバートライン」「ゴシックライン」などがあった］、連合軍の進軍を阻んでいた。戦いは連合軍の思惑どおりには進まず「グスタフライン」のモンテ・カッシーノで停滞してしまった。1944年1月22日、ローマへと兵を進める連合軍は、険しい山岳地形にそびえ立つモンテ・カッシーノの修道院に立て籠ったドイツ軍を打ち倒すため、その背後を衝くべくアンツィオへ上陸を敢行。作戦は当初、まったくといっていいほど抵抗も受けずに敢行されたが、ケッセルリングが兵員と戦車を投入してきたとき、連合軍が橋頭堡からの進撃をためらったことが上陸作戦を失敗の瀬戸際に立たせた。

　連合軍のイタリア本土上陸後撤退を続けていた枢軸軍は、この数カ月のあいだではじめて前進し、攻勢に出た。ドイツ戦闘機隊はここでも可能な限りの支援を実施した。しかしイタリア南部の飛行場から飛び立った連合軍の戦闘爆撃機により、Bf109は甚大な損害を受けることになった。戦闘機隊の残存兵力が展開していた北部にアメリカ軍戦闘爆撃機、中型爆撃機が来襲し、さらに第15航空軍の重爆撃機による爆撃もはげしさを増していた。

　枢軸軍はまた、第15航空軍の重爆撃機を迎撃するだけでなく、コルシカ島から飛来する戦闘機との空戦も強いられた。同島を基地とするリパブリックP-47サンダーボルトの部隊は、ローマの北へ送られてくるドイツ軍の補給物資の輸送を担っていた鉄道や道路を爆撃し、しだいにその脅威を増していたのだ。

　いまやイタリアのいたるところで連合軍中型爆撃機が飛びまわり、低空から高空まで、どの高度にも連合軍機がいた。枢軸軍はもはや、標的に困ることなどなかった。しかし弱体化したドイツ戦闘機隊のパイロットたちは、事実上、航空戦にほとんど敗北したことを悟るしかなかった。

　それまでドイツ空軍は各部隊に独立してその脅威へ対処させていた。その結果、任務は必然的に多様化し、乏しい戦力の戦闘機隊は息をつく間

第53戦闘航空団第Ⅱ飛行隊はシチリア島での戦闘の混乱の最中に、これらのBf109Gをコミソ飛行場に遺棄し撤退した。手前の機体は波形の迷彩パターンを塗られ、対艦攻撃に使われたJu88A-4である。左側のG-6 tropは第Ⅱ飛行隊付副官の乗機、右側の20mmゴンドラ武装付G型の機体番号は"黄の7"である。シチリアを占領した連合軍はイタリア本土へ上陸してローマを目指すが、幾重にも重なった防衛戦の背後に陣取るドイツ軍に対し消耗戦を強いられた。(Weal)

もなくなっていた。そこで種々の方法を試みた結果、各部隊ごとに専門の任務を割り当てることにした。第4戦闘航空団、第51戦闘航空団、第53戦闘航空団はアンツィオ、カッシーノ周辺の地上軍に対する支援に当たり、第77戦闘航空団がこの防空にあたった。地上攻撃飛行隊のヤーボが目標の攻撃に専念できるように、敵戦闘機を阻止する任務も数多くこなされた。そうした奮戦ぶりは第4戦闘航空団第I飛行隊の記録にみることができる。同飛行隊では1944年最初の6週間に14名のパイロットが戦死、負傷、あるいは捕虜となった。飛行隊長の"ゴッケル"・ハーンも1月27日に戦死した。

2月3日にはB-25編隊の迎撃に向かった第51戦闘航空団第6中隊のヘルベルト・"プシ"・プシマン大尉が戦死した。プシマンはB-25の後方から攻撃を加えたが、尾部銃座から撃たれて乗機のBf109は火に包まれ、ローマ北西の港湾都市、チビタヴェッキアの近くに墜落した。このときまでにプシュマンの撃墜数は54機に達しており、騎士鉄十字章が追贈された。1944年2月には、第2戦闘航空団第I飛行隊がフランスからFw190を伴って移動してきた。そして、これがイタリア方面のドイツ戦闘機隊にとって、最後の戦力増強となった。いまや戦闘機隊の主な任務は、ドイツ国内の爆撃に向かうアメリカ軍重爆撃機の迎撃となっていた。イタリアとバルカン半島上空では連合軍爆撃機の護衛を務める戦闘機が増加し、たびたび爆撃機の2倍以上の戦闘機が随伴するようになった。このためドイツ戦闘機隊の主目的である爆撃機の迎撃はめったに成功しなかった。

■ ローマの陥落
June 1944

周辺の地域に目を向けると、この方面でもイタリアの将来の防衛は心もと

1943年12月1日にエーゲ海上空でBf109に護衛されるHe111から撮られたこの写真には、第27戦闘航空団第7中隊のBf109G-6が写っている。第7中隊長のエーミール・クラーデ少尉自らが"白の2"を操縦し、この護衛隊を率いている。第7中隊はこの当時ギリシャに駐留していたが、1944年3月に本土防空任務のためオーストリアのウイーンに移駐する。すでにエクスペルテとなっていたクラーデはなんとか大戦を生きのび、総撃墜数は26機だった。(Weal)

上の写真と同じ編隊。"白の7"および"白の9"が20mmゴンドラ武装付、3機とも工場で完成直後の新品のようにみえる。(Weal)

ない状態だった。クレタ島はまだドイツ軍の占領下にあったが、エジプトに駐留したイギリス軍機の定期的な爆撃に遭っていた。同島には第27戦闘航空団第Ⅲ飛行隊の小規模な分遣隊が駐留していた。1944年3月6日に分遣隊のBf109Gは南アフリカ空軍第3大隊のB-26編隊を迎撃し4機を撃墜したが、これがほとんど唯一の成功と呼べるものであった。このほかにも何度かクレタに対する攻撃はあったものの、そうした際の空戦では両軍とも損害を被り勝敗は決しなかった。

このころ、兵員の交替がさらに進んだ。危機的状況に直面したドイツ本国の防衛にもっと貢献できるであろう有能なパイロットが、ついにイタリアから引き抜かれていった。戦闘による消耗に加えてこうした措置は、イタリアに残されたもはや劣勢のドイツ空軍戦闘機部隊を人材面から一層弱体化させた。部隊は連合軍機に圧倒されたままで、損耗したパイロットの補充要員は十分には来なかった。ドイツ空軍最高司令部はイタリア方面にもう新たな増援部隊を派遣しないことが明らかになった。事実、予備兵員数はきわめて乏しくなっていたのである。こうした状況に直面して、ドイツ空軍には、要塞化した「グスタフライン」を突破しアンツィオからの軍との合流を目指した連合軍の攻勢を押し止める力など、ほとんど残っていなかった。

1944年6月5日に連合軍がローマを占領したとき、イタリアには第77戦闘航空団と第4戦闘航空団第Ⅰ飛行隊しか残っていなかった。そして、翌日に始まったノルマンディ上陸作戦は、ドイツにとって空軍の予備兵力を投入する必要がある、はるかに危険な戦線が北西ヨーロッパにもうひとつできたことを意味した。ドイツ軍はソ連軍の夏期攻勢にも対処しなければならず［編注：1944年6月22日、ソ連軍は「バクラティオン作戦」を開始。これはソ連領内からドイツ軍を駆逐し、東部戦線を一挙にポーランドまで押し戻そうという、大規模な反攻作戦であった］、こうした状況下で全戦線における防御態勢の再編が急務となり、これは、ドイツ空軍がイタリアを完全に放棄することを意味した。1944年6月末までに第77戦闘航空団と第4戦闘航空団第Ⅰ飛行隊がイタリアから撤退し、圧倒的多数を誇る敵との、短いが血みどろの戦いはこうして終わった。

イタリア方面の全ドイツ軍を指揮する南部方面軍総司令官のケッセルリングは、それまで自分が兼務していた第2航空艦隊司令官の職を6月にヴォルフラム・フォン・リヒトホーフェン元帥に譲ったが、フォン・リヒトホーフェンは1944年8月に元ローマ駐在空軍武官だったマキシミリアン・フォン・ポール大将と交代。1944年9月

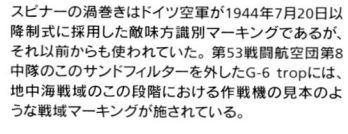

1943年12月1日にクレタ島北西部のマレメスへの着陸に失敗し、一時放棄された第27戦闘航空団第7中隊のBf109G-6 trop 製造番号15508の操縦席を、枢軸軍の兵士がのぞき込んでいる。操縦席側面のリンゴを貫いた矢の第7中隊章と、カウリングの第Ⅲ飛行隊章がはっきりと写っている。第Ⅲ飛行隊は部隊の独自性を保つのに熱心で、ほとんどすべての所属機に飛行隊章を記入していた。(Weal)

スピナーの渦巻きはドイツ空軍が1944年7月20日以降制式に採用した敵味方識別マーキングであるが、それ以前からも使われていた。第53戦闘航空団第8中隊のこのサンドフィルターを外したG-6 tropには、地中海戦域のこの段階における作戦機の見本のような戦域マーキングが施されている。

にフォン・マルツァーンの後任として
イタリア方面戦闘機隊司令官に就
任した"エドゥ"・ノイマン大佐は、
1945年1月末にギュンター・"フラン
ツル"・リュツォウ大佐と交代する。
リュツォウがこの職に任命されたの
は、「戦闘機隊指揮官の反乱」とい
われた1945年1月のゲーリングに対
する反抗事件で、首謀者と目された
ための懲罰人事であった[編注：本
シリーズ第3巻「第二次大戦のドイツ
ジェット機エース」の67～70頁を参
照]。リュツォウが指揮するはずの部
隊は事実上消滅していた。イタリア
方面戦闘機司令部は1944年12月に解隊され、それに代わるドイツ軍組織
は作られなかった。それゆえリュツォウは、自分の任務は戦争が続く限り
イタリア社会主義共和国空軍との連絡将校を務めることだと理解した。

イタリア社会主義共和国空軍
A New Air Force

　話は1943年9月に遡る。連合軍との休戦はイタリアに混乱を引き起こし、
多くの者たち、とりわけパイロットは戦闘の停止を恥ずべき裏切りと感じてい
た。彼らの目にそれは単なる敗北としか映らなかったのである。そのような状
況で、1943年9月12日に山のホテルに幽閉されていたムッソリーニが救い出
されたことは、イタリア軍内でいまだファシズム体制に忠誠を誓う勢力に活気
を与えた[編注：ファシスト大評議会を追われ、逮捕されたムッソリーニは、ローマ
北西のアペニン山脈の山荘「カンポ・インペリアーレ」に監禁された。これに対
し、親独ファシストの結集をもくろむドイツは、オットー・スコルツェニーSS大尉
率いる武装SS部隊と降下猟兵の特殊共同作戦によるムッソリーニ救出作戦を
実行。9月12日、シュトルヒ連絡機で山荘を脱出したムッソリーニは、ヒトラ
ーから北イタリアの傀儡政権「イタリア社会主義共和国」の首班に任命され
た]。ムッソリーニは10月10日に三軍の一翼を担う「共和国空軍」の創設を宣
言した。

　それは連合軍を相手に、イタリア軍がやり残したすべての戦争を継続するた
めの空軍に見えた。主義に共鳴したパイロットたちは、イタリアの北半分の飛
行場で組織化されていった。10月15日には出頭所が設立され、各種兵科、部
隊の人員受け入れと教化がここで行われた。ミラノのブレッソ飛行場が戦闘機
パイロットの基地となった。

　1943年末にフィレンツェで組織された第101独立戦闘大隊は、おそら
く休戦後に編成された「共和国軍」最初の部隊と思われる。パイロットはチュ
ーリン近くのミラフィオーリに移動し、1944年に入ってからはBf109Gに転換す
るためドイツに送られた。これに対し、1944年1月1日に「公式に創設された最
初の部隊」が第I戦闘大隊で、マッキC.205「ヴェルトロ」[訳注：Veltro（伊語）。
グレイハウンドのこと]を装備していた。このマッキC.205は、第77戦闘航空
団第II飛行隊がイタリアの休戦後、短期間だけ旧イタリア空軍の迷彩塗装の

どこの戦闘機部隊でも作戦地域に合った迷彩塗装
の機体を保有したいと願うものだが、1943年2月に
チュニジアで撮影されたこの第53戦闘航空団第6中
隊のBf109G-4 tropもいつのころか再塗装されたよ
うだ。本機は凸凹の路面をタキシング中にコースを
外れてへたり込んだものである。折れた主脚と曲が
ったプロペラ以外に損傷を受けたところがないよう
にみえるが、この時期になるとプロペラのような重
要な予備部品でさえ欠乏したため、この機体はおそ
らくこのまま遺棄されたと思われる。

1943年3月、ロードス島でイタリア空軍士官がヴェルナー・シュロアー大尉のBf109G-2 tropの撃墜マークをながめている。この当時、シュロアー大尉は第27戦闘航空団第8中隊長を務め撃墜数は62機に達していた。地中海戦域で引き続きいくつかの部隊指揮官を歴任したのち、シュロアーはドイツ本土防空に当たった第3戦闘航空団「ウーデット（Udet）」司令官として敗戦を迎えた。シュロアーは歴戦の戦闘機パイロットとしては幸運なひとりで総撃墜数は114機に達し、戦果には少なくとも26機の4発爆撃機が含まれていた。イタリア人士官が感銘を受けたのもうなずける。

上にドイツ軍の国籍標識を記入し、使用していた機体であった。ドイツとの強い絆は新空軍に代っても維持され、パイロットたちはラニャスコでドイツ軍戦闘機隊が採る戦術の手ほどきを受け、このころまでに、マッキ戦闘機はイタリア人の指揮下に返還されていた。同じ1月1日に創設された部隊に「モンテフスコ補助飛行隊」があり、マッキC.205とフィアットG.55を装備していた。この2機種はイタリア製戦闘機の頂点に位置し、全般的な性能は素晴らしかった。

「共和国空軍」の各部隊は主に地域防衛を目的として組織されていた。イタリア南部の連合軍占領地域を攻撃して共同交戦軍［訳注：連合軍占領地域で組織されたイタリア空軍のこと。実際には「共和国空軍」との交戦任務から外されていた］の軍用機と空戦する危険を冒そうと意図するパイロットなど、ほとんどいなかった。むしろ、北部に偏って所在するイタリア工業地帯の心臓部に対する、連合軍による爆撃のほうが重要な問題であった。「共和国空軍」にはドイツ軍がイタリアの休戦直後に接収した兵器、装備が返還されただけでなく、新品のイタリア製軍用機を供給されるようになった。

パイロットたちは「共和国空軍」の存在できる期間は短いだろうことを理解していた。しかし、彼らの行動は為政者による要求よりもずっと根本的な心情に根差したものであり、たとえ前途に希望を見い出せなかったにしても、ドイツ軍以上に奮戦する闘志の妨げにはならなかった。1944年1月3日に最初の作戦出動が実施され、第I戦闘大隊の10機のマッキC.205がP-38に護衛されたアメリカ第15航空軍のB-17編隊を迎撃し、3機を撃墜した。

ドイツ空軍第2戦闘航空団と第77戦闘航空団の隊員たちは、リヴォルトとセナーゴの基地からの直接指揮のもとに「共和国空軍」部隊と共同作戦を展開。第2戦闘航空団は第II戦闘大隊と、第77戦闘航空団は第I戦闘大隊とともに作戦に臨んだ。この第II戦闘大隊は1944年春にブレッソで創設された「共和国空軍」2番目の戦闘機部隊である。第77戦闘航空団と第I戦闘大隊はウディー

ネ近くのカンポフォルミドに移駐し、第15航空軍の重爆撃機の迎撃にほとんど専念した。ドイツ空軍と「共和国空軍」部隊の共同作戦の結果、枢軸軍は100機近い戦闘機を連続して作戦に投入することが可能になった。しかし、空戦による撃墜戦果は少数の爆撃機に限定される傾向があり、つねに存在するアメリカ軍護衛戦闘機は大きな脅威であり続けた。

第II戦闘大隊は、旧イタリア空軍最後の3カ月間にBf109Gを使っていた第3、第150独立戦闘飛行隊を中核として編成された部隊で、3月上旬にフィアットG.55を使っての訓練を開始していた。一方、第I戦闘大隊は同じ3月にかなり多くの作戦出動をこなし、4機のC.205の損失と引き換えにB-24を4機とP-47を8機撃墜していた。当然、「共和国空軍」の基地が連合軍の爆撃対象となるのに時間はかからなかった。3月18日、フリウリ地区の飛行場爆撃に向かったB-24編隊をドイツ空軍のBf109Gと「共和国空軍」のC.205が共同で迎撃。2機のC.205損失と引き換えに4機のB-24と、護衛のP-38を3機撃墜した。爆撃による損害は比較的軽微で、地上の「共和国空軍」戦闘機が2機破壊され、5機が損傷を受けた。

3月末までに第I戦闘大隊はさらに出撃を繰り返し、2機の損失で敵機10機の撃墜を記録した。3月29日には「共和国空軍」の3個戦闘部隊すべてが出撃。この日第I戦闘大隊はP-38の大編隊を迎撃し、2機のC.205を失ったが、2機のP-38を撃墜し5機のP-38を撃破したと信じられている。モンテフスコ補助飛行隊もまた戦果を収め、ミラノ地区の飛行場爆撃に向かうB-24を迎撃した同飛行隊のG.55は2機を撃墜。3機目を不確実撃墜ののち、4機目に損傷を与えヴェネゴーノに不時着させた。その反面、不幸にも撃墜された2機の一方は飛行隊長ボネト大尉の乗機だった。第II戦闘大隊のG.55にとってはこの3月29日の空戦が初出撃だったが戦果、損失ともになかった。

「共和国空軍」戦闘機隊が直面した問題のひとつに、C.205とG.55の外観がP-51マスタングとよく似ているということがあった。ほかの部隊との混成編隊にあって空戦に臨んだときに間違いが発生し、第77戦闘航空団のパイロットがときに同盟者を敵と誤認し不運な結末を迎えたこともある。一例として4月29日にBf109が2機のC.205を撃墜し、パイロットは2名とも死亡した。

4月30日、第II戦闘大隊は初撃墜を記録。1機のG.55を失ったがB-24を1機撃墜した。

連合軍戦闘機にとって、戦術爆撃機の護衛が主任務のため、めったに姿をみせない枢軸軍戦闘機と会敵する機会はほとんどなかった。そのため、このころになると空戦はなかなか起こらなかった。しかし、ときには基地のすぐそばで発生した。

5月27日に南アフリカ空軍第1スコードロンのスピットファイアMk.IXのパイロットはリエティ、テルニ、フォリーニョの「共和国空軍」基地に対する掃討任務のあとで、これまでと違う敵機と遭遇した。6機のスピットファイアは枢軸軍の速やかな応戦により、そのときの報告ではFw190Dとさ

シュロアー中隊の非常に若くみえるパイロットが、ドイツとイタリアの搭乗員双方を相手にBf109F-4 trop "赤の5"の前で戦闘飛行中の操作を説明している。パイロットたちが着ているさまざまな服装は、地中海の戦いの全期間を通じて存在した気取りの無さを表している。イタリア軍当局はドイツの友愛にさほど力づけられたわけではないが、枢軸国軍の搭乗員と地上員の関係は全般に友好的であった。

れたがおそらくC.205と思われる敵機に攻撃された。「フォッケウルフ」の1機目が撃墜されてそのパイロットはパラシュート降下し、すぐに2機目が同じ運命をたどった。南アフリカ空軍機が初めて会敵した「ファシスト共和国空軍」機についての報告によると、このときC・ボイド中尉が「イタリアの国籍標識を付けた1機のBf109」を追跡し、すぐにこれを撃墜。機体は実際には第I戦闘大隊のC.205であった。フォリーニョの補助飛行場のひとつに着陸しようとした2機目のマッキ戦闘機は、ボスマン中佐とT・E・ウォレス中尉のスピットファイアによる何度かの正確な射撃により爆発した。

ボスマンがこの空戦でBf109をもう1機撃墜し、南アフリカ空軍第1スコードロンはこの日、4機撃墜、1機地上撃破、それに2機以上の空中撃破を記録した。第1スコードロンはその後、ヴェネトからレッジョ・ネッレミーリアに退却してきた第I戦闘大隊司令部を占領したときに、5月27日の空戦で撃墜したのはセルジョ・ジャコメロ大尉とジョルジョ・レオーネ曹長であったことを知ることになる。第I戦闘大隊司令部は5月12日にもP-38がレッジョ・ネッレミーリア飛行場を地上掃射した際に、2機のC.205が破壊され6機が損傷を受けるという被害に遭った。

戦闘中の機種誤認に関しては、機体とパイロットの喪失ともに解決すべき問題として認識された。そこで、ドイツ空軍最高司令部はこれを回避するため、「共和国空軍」戦闘機部隊の使用機種をBf109G後期型へ更新することにした。ドイツ軍は「共和国空軍」が、その空戦技術を示す機会があまりなかったにもかかわらず、自軍の空域に連合軍が侵入した際は、めったに圧倒されることなくあげた戦果に大変満足していた。しかし比較的多数のBf109戦闘機を投入して戦いを始めてみたものの、春に続いた空戦により被った損害で第I戦闘大隊はすぐに作戦任務から外され、一方、第II戦闘大隊は補修部品の不足に苦しめられた。Bf109G-6を使った「共和国空軍」パイロットの訓練は第53戦闘航空団第I飛行隊と第77戦闘航空団第II飛行隊が担当したが、それまでBf109を操縦した経験のない者だけを対象に行われた。

第I戦闘大隊は1944年6月に戦線へ復帰し、同月4日から20日までのあいだに第II戦闘大隊から譲り受けたG.55とC.205を使い、9回の緊急発進を実施した。24日に第II戦闘大隊はBf109を使った初出撃で、自軍の損害無しでP-47を2機撃墜した。傘下の飛行隊がすべてBf109に改編される7月まで、第II戦闘大隊の1個飛行隊はG.55を使った。

Bf109を配備されてから以前より戦果は増えたとはいえ、「共和国空軍」の総撃墜数はまだ控え目な数字に止まっていた。7月中、17回の空戦で「共和国空軍」はBf109を10機喪失したが、A-20を10機、P-47を6機、スピットファイアを4機、B-24を3機、それにP-38を1機撃墜した。8月に第III戦闘大隊が創設され、第77戦闘航空団がドイツに帰還する際に保有する機体を第I戦闘大隊に引き渡すことが予定された。しかしこの時点で、ドイツ軍と「共和国空軍」の絆を壊すおそれがある危機が勃発した。

これらのイタリア軍パイロットがどの部隊に属するかを正確に特定するのは難しいが、同じロードス島の近くの飛行場に駐留していたマッキC.202装備の第161戦闘大隊傘下の飛行隊でないかと思われる。もしイタリアが1943年9月以降もまだ枢軸国側に立っていたならば、ここにいるイタリア軍パイロットはギリシャの基地からBf109を飛ばすことになっただろう。手前のドイツ軍パイロットはふたりとも海上での作戦にとって不可欠の、軽い救命胴衣を上着の上から着けている。

地中海の戦いの後半18カ月におけるドイツ空軍戦力の完全な消耗は、1943年5月、チュニジアから最終的に撤退する数日前に撮影されたこの写真で明らかである。左のBf109G-2 tropと機首が残された機体はどちらも第77戦闘航空団第I飛行隊に所属し、第77戦闘航空団はこの後イタリアに最後まで駐留する栄誉を担うことになる。主脚を折ってへたりこんだJu52/3mが置き去りにされている一方で、飛行可能な輸送機が残されたわずかの地上勤務者を載せ離陸していく。(Weal)

それまでイタリアにおける「共和国空軍」戦闘機部隊の作戦を指示していたドイツ空軍司令部が、ついに「共和国空軍」を完全に自軍の統制下に置こうと意図したのだ。しかし、「共和国空軍」のすべての人員をドイツ空軍に編入する試みは失敗し、ドイツ軍は結果を得るための強引でばかばかしい試みを始めた。1944年8月、失敗する運命にある「フェニックス作戦」が開始された。ドイツ空軍の士官がすべての「共和国空軍」部隊に派遣され、イタリア人に対し、「共和国」の統帥権下にある彼らの空軍は解体され、その人員はドイツ空軍内に新たに組織される「イタリア義勇軍」に編入されるか、防空部隊に転属されることを伝えた。

この政治的な措置に対する反応は一様でなかった。国粋主義的な信念をもった少数の者は空軍を去った。多くのイタリア人パイロットは単に命令を無視し、それ以外はかつての同盟者に対してはげしく反抗した。ムッソリーニがヒットラーにはげしく抗議したため、「フェニックス作戦」の首謀者ともいえるフォン・リヒトホーフェンとその幕僚がドイツに召還され、代わりにマキシミリアン・フォン・ポール大将が第2航空艦隊司令官に着任した。

「フェニックス作戦」中の2カ月間、「共和国空軍」部隊の活動は麻痺し、ドイツ空軍最高司令部が「ドイツ空軍に支配されるイタリア空軍」を実現できたのはまさにそのときだけであった。イタリア人はたしかに有用であり、彼らの存在と戦闘継続への意思にまかせることが、いまや最後のドイツ空軍部隊の本国への撤退を可能とすることを意味した。

この大失敗の結果、第I、第III戦闘大隊はただちにBf109Gを受け取り、その転換訓練のためドイツに派遣されてしまった。このため、最後のドイツ戦闘機隊が帰還したのちは、第II戦闘大隊がイタリア北部全体を防衛する唯一の戦闘機部隊となった。こうした部隊再編が実施されているあいだも、「共和国空軍」は前線で標的に困ることはほとんどなかった。10月19日に第II大隊のBf109はアメリカ陸軍のB-26を迎撃し、1機の損失で8機を撃墜した。同大隊は月末までにもう3機を撃墜した。

新しいアヴィアーノ基地で活発化した第II大隊の活動は、連合軍の戦略航空軍の損害を増加させ、イタリア軍の発表では11月15日までに4機のBf109損失と引き換えに、7機のB-17、5機のB-26、2機のP-47、それに1機のP-51を撃墜した。その翌日に「共和国空軍」はこれまでで最大規模の作戦出動を実施し、第15航空軍の中程度の規模の爆撃機編隊を迎撃した。アメリカ側はこの空戦中に40機近い敵機を目撃したと報告し、護衛に当たったP-51の活躍にもかかわらず14機の重爆撃機を失った。P-51は「共和国空軍」戦闘機隊に対し8機撃墜、2機撃墜不確実、2機撃破の戦果を得た。さらに重爆撃機の銃手が1機を

1944年初めに北イタリアのアルプス上空を飛行する、第77戦闘航空団第4中隊のBf109G-6 "白の3" とイタリア社会主義共和国空軍のマッキC.205。この写真は、ルフトヴァッフェと共和国空軍の緊密な協力関係を誇示するため、宣伝隊のカメラマンが撮影したものである。ドイツ機と同じくイタリア機にもスピナーに渦巻きが描かれている。(Weal)

撃墜した。

　敵の防衛態勢を土壇場に追い込むため、アヴィアーノ、ヴィチェンツァ、ヴィラフランカ、ウディーネの「共和国空軍」飛行場に連続してはげしい空爆が実施された。これらの4飛行場は、11月17日/18日の夜に南アフリカ空軍の中型爆撃機によって爆撃され、18日の日中も爆撃は続いた。少なくとも186機のP-51が目標地域を哨戒飛行し敵の反撃に備えた。地上ではほんのわずかのBf109が破壊されただけであった。しかしイタリア軍はいまやドイツ軍と同じ苦境に直面した。喪失した飛行機の補充は簡単だが、戦死や負傷したパイロットの補充は困難であった。冬のあいだは第II戦闘大隊が前線を死守している一方で、第I、第III戦闘大隊はまだ訓練を続けていた。前線での燃料、補修部品の不足という状況はさらに悪化した。1945年1月、第I戦闘大隊がBf109G-10を主装備としてイタリアに帰還した知らせを、戦いに疲れた第II戦闘大隊は歓迎した。しかし、第III戦闘大隊はまだしばらくはフィルトに止まった。

　このころ第II大隊は引き続きカルロ・ミアーニ少佐の指揮下にあって、2月には4回の出撃をこなし、4機のBf109の損失で10機のB-25と1機のスピットファイアを撃墜した。アメリカ軍中型爆撃機はこのときヨーロッパのほかの地域とイタリアを結ぶ鉄道網の破壊に忙しく、ブレンナー峠やその他の重要地点に対して大規模な爆撃を実施していた。

　「共和国空軍」の最後の大戦果として、3月3日に第II戦闘大隊のBf109が南アフリカ空軍第3航空団のB-26を攻撃し、2機のBf109を失ったが6機を撃墜したことが記録されている。しかし南アフリカ空軍側の記録では、損傷したB-26はあったものの1機も撃墜されていない。その後も連合軍戦闘機と散発的な会敵は続いた。しかし、イタリア軍は滅多に損害を出さなかった。イタリア人パイロットたちは、護衛の付かない爆撃機に対する「共和国空軍」戦闘機のどんなわずかな攻撃も、その地域へただちに強力な護衛戦闘機による反撃を呼び起こすことをおそれていたのだ。制空権はほぼ連合軍が握っており、上空にはつねに敵機が飛び交っていた。もはや離陸することすらできなくなっていたのである。

　戦争終結時に明かされた計画に、ドイツ人がイタリア人に対して敬意を払っていたという具体的な証拠をみることができる。ドイツ軍は「共和国空軍」のパイロットに外国人としては最初にMe262の飛行訓練を受けさせようとしていたのだ。ジェット戦闘機運用のためふたつの飛行場が用意されたが、計画が実行に移されることはなかった。

　1945年4月28日、ベニト・ムッソリーニがパルチザンに処刑された。翌29日、ドイツ軍司令官たちはヒットラーのあくまでもイタリアを死守せよという命令を無視して連合軍司令部に代表団を送り、5月2日、イタリアにいる全ドイツ軍は正式に無条件降伏した。「共和国空軍」はアメリカ軍戦闘機とのわずかな小競り合いを除いて、出撃することなく戦いを終えた。

　実戦参加期間が短かった上に、とくに対戦相手が圧倒的多数を誇っていた状況を考慮すると、「共和国空軍」は全般的に技術と勇気をもって作戦を遂行したといえる。3個大隊とモンテフスコ補助飛行隊は、使用した3機種（C.205、G.55、Bf109）の損失137機と引き換えに226機を撃墜破する戦果をあげた。第I戦闘大隊のアドリアーノ・ヴィスコンティ少佐は旧イタリア空軍時代に記録した19機の戦果に加えて、「共和国空軍」では7機を撃墜した。一方、第II戦闘大隊のトップ・エースはウーゴ・ドラーゴ中尉とマリオ・ベッラガンビ大尉でいずれも11機の撃墜を記録した。

chapter 6
「第27戦闘航空団　AFRIKA」
jagdgeschwader 27 'afrika'

　ここで北アフリカ栄光の日々を戦ったドイツ空軍戦闘機部隊、第27戦闘航空団について振り返ってみよう。

　第27戦闘航空団の第Ⅰ飛行隊(I./JG27)が、黒人を脅かす豹をアフリカの地図上に重ねた図案を飛行隊記章に採用したのは、のちにアフリカに進出し作戦することなどまだ考えられなかった時点では、驚くべき予言といえる。この記章は1940年早春、ドイツがフランスとベネルクス三国に侵攻する以前に制定され、5月に侵攻が始まったときにはBf109Eの機首に記入されていた。

　第27戦闘航空団本部は1939年10月1日にミュンスター＝ハンドルフで、第1から第3までの3個中隊を擁する第Ⅰ飛行隊と同時に創設された。航空団司令にはマックス・イーベル大佐が就任し、第Ⅰ飛行隊はヘルムート・リーゲル大尉が率いた。ドイツがフランスとベネルクス三国に侵攻するまでのいわゆる「まやかしの戦争」の時期には、第27戦闘航空団は独仏国境に沿った哨戒飛行と訓練に励んでいた［編注：1939年9月1日、ドイツがポーランドに侵攻すると、イギリスとフランスはドイツに宣戦布告した。しかし、英仏はその後ドイツの動きを静観するだけで、実質的な戦闘行動をとらない時期が翌年の4月まで続いた。

1941年5月のシチリア。第27戦闘航空団第9中隊長エアボ・フォン・カーゲネク中尉は愛機Bf109E-7のコクピットのなかで、マルタに向けて離陸前の動翼作動点検に忙しく、黒服の忠実な整備兵がそれを見守っている。アンテナマストに取り付けられた中隊長を表す金属製ペナントと、この時期に地中海戦域の第27戦闘航空団第Ⅰ飛行隊機に共通して見られる、通常のコクピット後方の位置でなく黄色く塗られたカウリング上に記入された機体番号に注目。1941年12月までに65機撃墜し、第27戦闘航空団のトップ・エースに躍り出たフォン・カーゲネクはクリスマス・イブに戦死した。

マルタ島のイギリス守備隊はドイツ空軍戦闘機と戦闘爆撃機の双方から攻撃を受けた。1941年5月に撮影されたこの写真には、胴体下面のETC500ラックにSC250 250kg通常爆弾を1発吊り下げた第27戦闘航空団第8中隊のBf109E-7 "黒の5" が写っている。

1941年5月下旬、シチリアの飛行場。草が生い茂る駐機場で整備兵がSC250爆弾を押している。この写真の左端、画面の外側には、まだ爆装のすんでいないBf109に搭載するため、爆弾を引っ張っている整備兵がいるはずだ。

ドイツ空軍ゆくところ、どこにでもある手動の爆弾ホイストに助けられ、兵装担当の整備兵は爆弾を正しい位置に持ち上げ装着できるように準備している。他の地域における戦闘爆撃作戦と同様に、失敗に終わったマルタ島攻撃の結果を変えるには第27戦闘航空団の作戦は規模が小さすぎた。

世界各国の報道機関はこの状況を「まやかしの戦争」「いんちき戦争」などと呼んだ」。1940年5月10日にフランスとベネルクス三国に侵攻した「ヴェーセル演習」作戦中は支援任務に就き、作戦開始初日に第27戦闘航空団にとって初の敵機撃墜を記録した。それはベルギー空軍打倒を支援中のことで、第I飛行隊のハインリヒ・ベッヒャー軍曹がこの短い作戦期間中に、ティルレモン近くを単機で飛行していたグラジエーターを撃墜したのが航空団最初の戦果となった。

第27戦闘航空団はコローニュ近くのミュンヘン=グラドバッハとギムニヒの飛行場を基地とし第6軍の進撃を支援したが、この電撃作戦中に第27戦闘航空団本部は第I飛行隊だけでなく、第1戦闘航空団第I飛行隊(I./JG1)、第21戦闘航空団第I飛行隊(I./JG21)、の3個飛行隊を指揮下に置いていた。これらの飛行隊は5月12日にはのべ340機出撃し、Bf109E4機の損失と引き換えに28機の敵機を撃墜する大戦果をあげた。

1940年7月に第I飛行隊長はエードゥアルト・ノイマン少佐に代わった。1940年1月に創設された第II飛行隊(II./JG27)は第4、第5、第6中隊を擁し、5月上旬に「フランスの戦い」に参加するまではドイツ国内で訓練に励んでいた。7月には傘下に第7、第8、第9中隊を擁した第27戦闘航空団第III飛行隊(III./JG27)も創設された。これはドイツ空軍の標準的な方法である他の戦闘機部隊の人員を基幹要員として編成され、母体となったのは第1戦闘航空団第I飛行隊であった。一方

で戦闘による損耗が進んだ場合は、元の中隊が人員ごとそっくり交替の中隊と置き換えられたが、そういう場合でも元の中隊番号を使った。

　1943年5月には第10、第11、第12中隊を擁する第27戦闘航空団第Ⅳ飛行隊（Ⅳ./JG27）が創設された。1944年8月にはそれまで3個中隊編制だった各飛行隊が4個中隊編制に増強されたため、第13、第14、第15、第16中隊が追加された。1940年10月以降は、第27戦闘航空団に戦闘訓練中隊も付属し、1941年6月以降は2個中隊を擁する戦闘訓練飛行隊に昇格した。

　「フランスの戦い」期間中に第27戦闘航空団は他の戦闘航空団と同様にかなりの損害を被り、「イギリス本土航空戦」ではイギリス空軍戦闘機軍団を相手に奮戦した。航空団全体では146機の撃墜スコアをあげたが、その一方で56名のパイロットが戦死、または行方不明となった。そのなかには第Ⅲ飛行隊長ヨアヒム・シュリヒティング大尉が含まれており、彼は9月6日にスピットファイアに撃墜され、捕虜となった。

　1940年末までのイギリスとの戦いで得たものは、生き残ったパイロットがイギリス軍の戦術に対して相当の経験を積んだことだけであった。「イギリス本土航空戦」はドイツの採った戦略がまずかったため、結局イギリスを屈伏させることはできなかったが、ドイツ空軍戦闘機隊の戦術はイギリス空軍の採った戦術よりすぐれていることをたびたび証明した。そうした経験は1941年4月に第27戦闘航空団が北アフリカへ進出した際に、空戦を有利に進める上で大いに役立った。

　砂漠での戦いの初期には旧式化しつつあるBf109E-7 tropで飛んでい

この写真も1941年5月にシチリアの飛行場で撮影されたBf109E。左のE-7はカウリングにシェヴロンと縦棒を記入した第27戦闘航空団第Ⅲ飛行隊付副官の乗機である。この機体には東プロイセンのイェーザウ市の紋章をかたどった飛行隊章も記入されている。(Weal)

やはり第27戦闘航空団の第Ⅲ飛行隊本部に属するこのE-7は、第Ⅲ飛行隊長マックス・ドビスラフ大尉の乗機である。エンジン整備のため外されたカウリングに、シェヴロンと小さい三角が記入されている。

1941年4月にリビアのガンブトに進出した直後の第27戦闘航空団第Ⅰ飛行隊機。写真から大部分の砂漠の飛行場に共通する簡素な状況がよく判る。燃料補給を含む地上での作業のほとんどは野外で行われ、太陽光を遮るために遅くにテントが立てられた。Bf109の後方に転がっている空のドラム缶は、北アフリカの西部砂漠において以後2年半にわたって滑走路に共通の目印となる。(Schroer)

たにもかかわらず、第27戦闘航空団のベテランパイロットは連合軍戦闘機と対戦した際にほとんど不満を感じなかった。しかし、1941年9月に第Ⅱ飛行隊が使用機のBf109F-4 tropをともなってリビアへ到着し、この戦域における「エーミール」の第一線機としての寿命に終止符が打たれた。

　エクスペルテンは機軸近くに集中して配置されたF型の2挺の機関銃とモーターカノンを歓迎した。しかし、E型に比べ搭載火器の数が減り、とりわけBf109E-7 tropの翼内機関砲は射弾が適当に散布するという効果があったため、すべてのパイロットに好まれたわけではなかった。マルセイユ、フランツィスケット、レーデルといった腕の立つパイロットはすべてこのころまでに見越し射撃の技術を会得し、機首を標的の少し先に向けて撃つだけで弾丸が当たり、敵を撃墜できた。しかし連合軍機がその数を増し、性能がすぐれ防弾装備の充実したアメリカ製軍用機が登場するようになると、ドイツ軍パイロットの優位にたちまちかげりが生じた。1943年初頭までにはBf109Fの武装は明らかに不十分と感じられるようになり、大部分のパイロットは確実に打撃を与えるためできる限り敵に近付けと教えられていた。しかし、この戦法により危険も増大した。1942年秋以降配備されたBf109G-2、G-4は武装に関してはF-4と同じため、この問題は1943年3月に機首上部の武装がMG131機関銃2挺になったBf109G-6が、第Ⅰ飛行隊へ配備されるまでは解決しなかった。第27戦闘航空団はドイツ空軍のなかで最初にG-6に更新した航空団のひとつであり、第Ⅰ飛行隊だけではなく、ほかの飛行隊にも迅速に配備された。

　1943年遅くに地中海方面から撤退しドイツ本土防空のため帰還するときまでには、第27戦闘航空団の保有機は「グスタフ」［訳注：Gustav=ドイツがBf109Gにつけた愛称］だけとなり、大部分は翼下面にMG151/20機関砲ゴンドラを装備していた。こうした武装は重量がかさむ上に空気抵抗も増えるが、第27戦闘航空団や西部戦線にいた他の戦闘航空団がほとんど毎日のように対戦した、アメリカ軍の4発爆撃機を攻撃するには必須であった。

　第27戦闘航空団には与圧式コクピットを装備したBf109G-5も少数配備されたが、非与圧式のG-6とはコクピットだけが異なり、G-6と同様に機首上部にはMG131機関銃を2挺装備していた。G-5は約500機がG-6の製造ラインの合間をぬって製作され、1943年秋までには前線部隊に配

1941年10月、アイン・エル・ガザラ。ドーリーに載せられた傷つき錆の浮み出た落下燃料タンクが、手前の第1中隊の"白の6"に装着されるのを待つ。後方には着陸態勢に入った第Ⅰ飛行隊機がみえる。このE-7 tropは第27戦闘航空団のなかで、Bf109Fに転換するのがもっとも遅かった中隊が使用する1機であった。機体上面の塗装はタンのみで、初期の砂漠の戦いに参加したE型に見られる、灌木の多い沿岸付近の地形によく溶け込む緑の斑点がない。

右頁下のE-7 tropとあざやかな対比を見せている、第27戦闘航空団第2中隊の"黒の8"番機。多くの写真が残されたことで有名な機体である。写真ではわかりづらいが、方向舵には4機撃墜を表す赤の縦棒が4本記入されている。この写真は4月にアイン・エル・ガザラに到着してまもなく、第27戦闘航空団の実戦参加を記録するためリビアに派遣された空軍カメラマンが撮ったもの。この撮影のため、整備兵たちは北アフリカにおけるBf109の公式の迷彩塗装に適合するよう、できる限りの努力をした。

第27戦闘航空団が北アフリカに駐留しているあいだ、作戦出撃は絶え間なく続いた。操縦席のパイロットは第2中隊のフリードリヒ・ケラー少尉と思われる。ケラーはアフリカに進出する前に2機を撃墜していた。

備された。Bf109を使い続けた他の戦闘航空団と同様に、第27戦闘航空団にも1944年11月以降Bf109G-10が配備された。G-10はG-6の動力装置をK型と同じものに換装し高空性能を改善した型であった。運用面からいうとBf109G-14はBf109G後期型のなかでもっとも重要な型のひとつであり、G-5と同じく当初はG-6の生産ラインの合間に製作された。1944年後半からG-14は標準型となり、相変わらずダイムラー＝ベンツDB605Aエンジンを搭載していたが、低空で一時的に出力を増大させる水メタノール噴射装置を併用することで性能が向上した。さらに、大部分の機体は枠の少ないエルラ・ハウベを装備していた。枠が多い旧型のキャノピーはコンドル軍団以来パイロットの視界をかなり損なっていたが、これで視界は大幅に改善された。また、G-14では背の低い尾翼と木製あるいは金属製の背の高い尾翼の各タイプがあった。G-6の量産過程で導入された各種の改良は、G-14にもすべてではないにせよ引き継がれた。

Bf109KはG型より強力な武装と高空性能のすぐれたDB605Dエンジンを搭載するG型の改良型として計画された。しかし量産されたのはBf109K-4だけで、第27戦闘航空団第Ⅰ、第Ⅱ、第Ⅳ飛行隊ではG型とともに敗戦時まで使われた。第Ⅲ飛行隊では1944年12月以降K-4だけを使った。

G-14のエンジンをDB605ASに換装したBf109G-14/ASは大戦終結前の数カ月間に多数が使われた。その一例は、1945年3月における3名のパイロット損失の記録にみることができる。まず3月1日に第7中隊のゲオルク・カルハ伍長がラーデで撃墜され、同じ日に第5中隊のハインツ・ツィマーマン曹長もヴェストファーレンのヴルフェンで撃墜されて、両名とも戦死した。10日後には第6中隊のフランツ・ラミンガー軍曹がヴェーセルで撃墜され戦死した。3名のパイロットはいずれもG-14/ASに搭乗していた。

大戦の全期間を通じて第27戦闘航空団は約2700機の連合軍機を撃墜し、内約250機はソ連機だった。

一方、人的損害はパイロットの戦死約400名、行方不明約250名、捕虜約70名であった。

■ 航空団司令官の回想
The Commander's View

　エードゥアルト・ノイマン中佐は1940年7月から1942年6月まで第27戦闘航空団第I飛行隊を率い、1942年6月から1943年4月までは同航空団司令官を務めた。彼の部隊の血みどろで不運な結末に終った砂漠の戦いについての、時には辛辣だが思いやりのこもった印象のいくつかを次に引用する。
「Bf109Eの主な強みは良好な性能、とりわけ高い急降下制限速度と強力な武装にあった。『エーミール』は1941年にアフリカで対戦したすべての連合軍戦闘機よりすぐれていたが、数的にはいつも劣っていた。とくにアフリカ戦役の後半にはそれが顕著となったが、緒戦の勝利はパイロットに自らの優位性を確信さ

1941年7月のアイン・エル・ガザラにおける情景。遠方の砂煙は第I飛行隊のBf109E-7 tropのシュヴァルムが発進してきたもの。手前は第27戦闘航空団第1中隊長でエクスペルテのカール=ヴォルフガング・レートリヒ中尉の乗機 "白の1" で、方向舵にはすでに20機の撃墜スコアが記入されている。リビアに進出して以来何度も作戦出動しているにもかかわらず、この機体はまだ西ヨーロッパ戦域迷彩のままだ。(Weal)

上のレートリヒ中尉の機体は、第27戦闘航空団第1中隊に所属するこのBf109E-7 tropとほぼ同様の迷彩を施されているようだ。シチリアで1941年3月下旬に撮影されたこの写真は、出撃に備えてエンジンの回転とオイル圧をチェックしているところ。

せた。

「我々の戦闘機はつねにもっとも小さい作戦単位であるロッテかシュヴァルムで飛行し、これは有能で攻撃精神旺盛なパイロットには自らの能力を発揮するよい機会を提供した。マルセイユやホムートのようなパイロットはそうした状況を最大限活用した。しかし、先頭を行く一握りの者たちを除くと、新参者や余り才能がないパイロットにとって彼らと同様な成功が得難かったのには明らかな理由があった。すぐれたパイロットを育てるには新人への訓練が理想的でないことは明らかで、この問題は隊員のあいだで、よく話し合われた。

「その一方で、たとえばマルセイユなどは戦友に自分から進んで戦術を教え、中隊の隊員があげた撃墜戦果をともに祝った。しかし彼のような天性の才能に恵まれた者はほとんどいなかったので、マルセイユの経験から得るところがあったパイロットはごくわずかにすぎなかった。しかし、こうした不都合もマルセイユらがあげた大戦果が航空団全体の士気を高めたことで、別の面から克服された。彼の中隊でほとんどのパイロットが、『名人』マルセイユの支援役に徹したのだ。撃墜戦果を比較する場合には、このことを考慮する必要がある。

「1942年を通じて第27戦闘航空団はBf109Fを使用し、後半は少数のG型も使った。F、G型ともE型よりすぐれた点は多々あったが、敵機に対する性能上

1941年4月にシチリア島からトリポリに向けて出発する、第27戦闘航空団第1中隊に所属するハンス・ジッペル軍曹のBf109E-7 trop "白の10"。第27戦闘航空団がバルカン半島に進出した際、識別用に採用されてカウリングに塗られた黄色から、下に塗られた迷彩色が透けてみえる。

第1教導航空団所属のJu88Aの手前に写っているBf109F-4 tropは第27戦闘航空団第II飛行隊の所属機。第II飛行隊の「ベルリンの熊」記章にはベルリン市章をもとにした城壁が上部に描かれている。

の優位は次第に減っていった。1942年にイギリス軍はアメリカ製の軍用機を多数取得し、その年の6月から10月にかけて我々が独自に行った作戦は、敵機の方が性能がすぐれているというもっともな理由からきわめて制限された。こうしてイギリス軍の西部砂漠派遣空軍が数カ月にわたる機種更新を進めていた一方で、我が軍の戦闘機パイロットたちは旧式のシュトゥーカの護衛に疲れ果てていた。シュトゥーカは遅すぎるため援護するのに大変な困難を要し、この旧式機が前線から引き上げられるまで、任務は第27戦闘航空団に大きな犠牲を強いた。1942年半ばまでには戦いの主導権はイギリス軍に渡った。

「北アフリカ戦線は、ドーバー海峡を挟んでイギリス軍と戦ったときほど困難でなかったと考えられているが、東部戦線よりはずっと厳しかった。ひとつにはイギリス軍パイロットが旺盛な戦意をもち、すぐれた性能の軍用機を使用したことにあり、他方で砂漠の特異な環境があった。我々の食料は輸送の問題から補給がうまく機能しなかったので粗末だった。また砂漠の気候は滞在期間が6カ月を超えると、大抵のパイロットの健康に悪影響をおよぼした。

「イギリス軍の長距離砂漠挺身隊による破壊活動のため、地上での生活はより不便になっていった。我々は夜間に潜水艦が破壊活動チームを上陸させるのでないかと予想し、月

第27戦闘航空団の整備兵たちは第Ⅰ飛行隊がBf109Fを受領するまでに野外での整備に練達し、ほとんどの技術的な問題点を克服できる自信をもった。写真は尾部が浮き上がらないように整備兵が乗った状態で、エンジンを始動し、脚引込点検を行っているところ。オイルクーラーが小さく、サンドフィルターが短いこの機体はF-4 tropの初期量産型である。

第27戦闘航空団のエクスペルテとしてはマルセイユほど有名ではないが、ヴェルナー・シュロアー中尉の砂漠戦での出撃回数は最多の部類に属していた。第Ⅰ飛行隊がリビアに進出後、シュロアーは1942年3月から6月末まで第Ⅰ飛行隊付副官を務め、その間に、通常とは異なるマーキングが記入された写真のBf109F-4 tropを使った。飛行隊付副官を示す記号は通常、シェヴロンだけを記入していた。シュロアーは7月以降第8中隊長に転じ、翌年4月まで務めた。
(Schroer)

明りがある時期に爆弾を投下した。総合すればこうした作戦はかなり効果があった。

「1942年後半にイギリス空軍の爆撃を深刻な脅威として感じ始めた。それはちょうどドイツ軍戦闘機隊兵力が、損失の増加と隊員の病気のため弱体化したころであった。爆撃機編隊相手の戦闘が得意なパイロットもいなかった。これは私見だが、このことが我々にはなぜ爆撃機の撃墜スコアが少ないかを説明してくれると思う。

「我々はイギリス軍戦闘機隊が防御円陣を組むのをほぼ1942年末まで見ている。彼らは水平飛行中は、より高い高度でつねに左右の位置が入れ換わるように縫って飛ぶ2機編隊に援護されるのを好んだ。防御円陣はイギリス機の性能特性から必要とされたように思える。なぜなら、彼らの使用機はBf109より旋回性能は良好だが、水平速度と急降下速度が低いからだ。したがって我々が格闘戦を避け、Bf109の有利な面だけを使ったことは驚くに当たらない。私は連合軍の2機の上空援護機を使った戦法が有効だったかについては知らない。しかし、つねに左右の位置が入れ換わるように飛ぶ編隊の方が、ドイツ軍が使った直線飛行する緩い編隊より、ずっと遠くからでも発見できたのは事実だ。

「我々はハリケーンとスピットファイア、あるいはそれらとアメリカ製戦闘機を見分けるのに困難を感じたことはなかった。しかしアメリカ製戦闘機は識別が難しくなり、トマホーク、キティホーク、ウォーホークの違いを教わったことはない

1942年11月2日に撮影された、第27戦闘航空団第7中隊のヘルムート・フェンツル少尉のF-4trop、製造番号13136。この機体は10月26日にカーチス戦闘機との空戦で被弾し胴体着陸したものであった。第III飛行隊は第27戦闘航空団のアフリカに進出した3個飛行隊のなかではもっとも知られていない部隊で、この鮮明な写真が第III飛行隊のマーキングのよい記録となっている。

マルセイユが愛機に搭乗し、整備兵の飛行前点検の進み具合を見守っている。機体は製造番号8693のF-4 trop。1942年前半にその名声が広まるにつれ、マルセイユが地上で過ごす時間の大部分はドイツ本土からのファン・レターに返事を書き、空軍のお偉方をもてなすことで費された。しかし秋に撃墜数が急上昇し始めると、しだいに無口になり自分の殻に閉じこもるようになった。

と信じる。もし大きな誤りがあったならば、その理由は不確かな光線の状態、接近の角度、あるいは砂によるもやのためであろう。

「ドイツ軍戦闘機パイロットの話ばかりしすぎたので、ここでイタリア軍パイロットについても話してみたい。我々はイタリア軍上層部が許す限りイタリア軍パイロットとは友好的な関係を保ち、たびたび心を許すほどの仲になった。彼らはいつもよろこんで我々と共同作戦を行い、たとえば一緒にシュトゥーカを護衛しているときなどは、有益な支援を与えてくれた。しかし、イタリア軍機はけして満足できるほど良くはなかった。それは1941年にフィアットCR.42複葉機でトブルクへ飛ばねばならなかったことからもわかる。さらに全体的にみると、イタリア本国の軍上層部は、前線でのドイツ軍とイタリア軍の兵が親密になりすぎるのを歓迎していないようであったが、これはまったく別の話である」

戦闘機エースたち
Experten

　この本で扱った戦域で数百名のドイツ空軍パイロットが戦ったが、「空飛ぶ狩人」の分野で顕著な戦果をあげた者のうちで、残された紙数で触れることができるのはわずか3名である。一般にエクスペルテンの大半は長い従軍期間に、ある部隊から別の部隊へ異動し、異なった戦線で戦っていたということを記憶に止めておくべきであろう。

■第51戦闘航空団——ハルトマン・グラサー少佐
　グラサーの戦歴は第52駆逐航空団の駆逐機パイロットから始まり、イギリス本土航空戦では第II飛行隊に所属しBf110で5機を撃墜した。1941年2月に第51戦闘航空団本部に異動し、ヴェルナー・メルダースの副官を務め、1941年6月の対ソ開戦当初に7機を撃墜した。9月4日までに撃墜数は29機に達し、騎士鉄十字章を授けられた。また9月には第II飛行隊長に転じており、11月に同飛行隊を率いてアフリカに移動してからすぐに撃墜スコアが増えていった。1943年8月31日までにグラサーの戦果は103機に達し、柏葉付騎士鉄十字章を受章した。その後パリで第4戦闘師団の幕僚職に就いたのちに1944年4月に第1戦闘航空団第III飛行隊長となり、さらに第110戦闘航空団第II飛行隊長、第210戦闘航空団司令官を歴任。総計700回の出撃を重ね、撃墜数は103機を数えた。東部戦線で戦っていた経歴から、戦後4年間はソ連に抑留された。

■第53戦闘航空団——ヴォルフガング・トネ大尉
　1939年12月に第53戦闘航空団第3中隊に配属されて以来、トネは同中隊を離れることはなかった。「フランスの戦い」と「英仏海峡の戦い」で5機を撃墜したが、1941年6月の対ソ開戦時から東部戦線に移動し、その後12月から翌年5月までの半年間は地中海戦域で戦ったものの、その後は東部戦線に戻った。トネは1942年1月から第53戦闘航空団第3中隊長を務めた。1942年8月8日に撃墜戦果が54機に達し騎士鉄十字章を授けられ、9月22日には101機に達して柏葉付騎士鉄十字章を受章した。部隊は11月にふたたび北アフリカに移動した。1943年4月20日午後にトネは2機を撃墜したのち、チュニス近郊のプロトヴィレに帰還し、いつもどおり独特の機動による着陸を試みたが、高度の目測を誤り墜落し死亡した。約3年半にわたる休みない前線勤務のあいだに641回出撃し、122機の撃墜戦果をあげたが、26機を除いては東部戦線にいたときに記録したものであった。

■第77戦闘航空団——ヨハン・ピヒラー少尉
　1940年8月に第77戦闘航空団第7中隊に配属されたピヒラーもまた、初撃墜までが長かったひとりである。彼の初撃墜は1941年5月16日で相手はハリケーンだった。不整地に着陸するBf109は、時にはすぐれたパイロットでさえうまく扱えず、とりわけ機体が戦闘

ハルトマン・グラサー少佐

ヴォルフガング・トネ大尉

による損傷を受けている場合は破滅的な結果を招くことがあった。ピヒラーはそうした事故を5月22日にギリシャのモラオイで経験し、その結果彼のBf109E-7は機体全体の85％におよぶ損害を被った。第77戦闘航空団がロシア、北アフリカ、イタリア、ルーマニアと転戦するにつれピヒラーの撃墜スコアも上昇し75機に達したが、これには東部戦線での29機と、4発爆撃機16機が含まれている。1944年7月28日にルーマニア上空でP-51との空戦で撃墜されパラシュート降下したが、両足骨折の重傷を負った。病院に入院していた8月30日にソ連軍の捕虜となり、以後6年間抑留されている。75機撃墜による騎士鉄十字章の授勲は9月7日に発令されたが、捕虜となっていたためその勲章は実際にはピヒラーに手わたされなかった。

ヨハン・ピヒラー少尉

最後に──「エース」の定義について
The Making of an Experte

　第一次世界大戦中、最初にフランスが空中戦で沢山の敵機を撃墜したパイロットを「エース」と定義したとき、ドイツは対戦相手と同様に10機以上の撃墜をエースの資格とした。空中戦は1917年ころの一般大衆にとってはまだ馴染みのない概念だったので、両軍とも空戦での勇気ある偉業を新聞、雑誌等で紹介し、この定義の普及を助けた。エースは地上の殺戮からは縁遠く、あたかも中世の騎士が馬上試合で争いを解決する時代に遡るがごとく、戦争に新たな形態を付け加えるように思えた。地上で対峙する軍隊による大量殺戮よりも、空中戦は個人的でかつ騎士道にかなった戦いであるという理解のもとで、エースの概念は航空知識の分野に徐々に浸透していった。

　第二次世界大戦が勃発したとき、どちらの側もこの「エース」の称号を忘れず、ドイツ空軍は相変わらず10機以上撃墜をエースと規定し、ときには勲章の授与あるいは進級、昇進で報いた。撃墜数が増えるとさらなる栄誉で報いられ、多くの場合には騎士鉄十字章が授与され、さらに柏葉付騎士鉄十字章、剣柏葉付騎士鉄十字章、ダイアモンド・剣柏葉付騎士鉄十字章といった高位の勲章が授られた。

　しかしこうした勲章は一定の撃墜戦果をあげれば自動的に授与されるわけではなかった。最高位の勲章の価値を下げないために、騎士鉄十字章が授与されるための撃墜数はつねに上昇し続け、ポイント制が導入された。フランス人が第一次世界大戦で見つけた法則のように、戦域ごとに撃墜の難易度が異なるため、ドイツ空軍は西部戦線と東部戦線とで差を付けたのだ。

　第一次世界大戦でエースの定義がドイツ、フランス、イギリスでは10機以上撃墜であったのに対し、アメリカが5機以上と規定したのは単に定義の時期に起因する。1917年に定義されたとき、連合軍とドイツ軍には10機以上撃墜したパイロットがすでに多数いたのに対し、アメリカ軍は参戦したばかりであった。大戦の終結時期が予測できる頃に、アメリカ軍司令部は下限を高く設定するのは現実的でないことから、5機以上に決めたようである。それ以来、撃墜数5機以上がエースの資格として広く認められるようになった。

1942年2月、マルトゥバで次の出撃に備えて、マルセイユが使った最初のBf109F-4 trop、製造番号8693にこれから燃料を補給しようとしている地上員たち。

付録
appendices

1941年から1944年までの地中海戦域におけるルフトヴァッフェのBf109保有機数——いくつかの重要な時期における機数を示す。

			保有機数	出撃可能機数
1.	1941年拡張期	a)	14	11
		b)	36	28
		c)	163	134
		d)	154	98
2.	1942年9月20日		194	125
	（エル・アラメインの戦い以前）			
3.	1943年3月10日		235	137＊
	（チュニジア戦末期）			
4.	1943年7月10日		324	182
	（シチリア島防衛戦）			
5.	1944年4月3日		不明	93
	（アンツィオ上陸）			
6.	1944年9月5日		54	37
	（イタリアから部隊引揚げ時）			

＊印：地中海東部とバルカン半島に駐留する部隊は含まない。

1. 地中海戦域におけるBf109保有機数の詳細——1941年

a) 地中海戦域における最初のBf109勢力は第X航空軍団の一部としてシチリア島へ1941年2月9日に到着したミュンヘベルグの中隊であった。3月22日付の戦闘序列に最初に記載された勢力は次のとおり。

第X航空軍団

	保有機数	出撃可能機数
7./JG26（シチリア島ジェラ）	14	11

b) 北アフリカに最初に進出したJG27第I飛行隊は1941年4月14日から作戦態勢に入り、4月26日付の戦闘序列では次のように記された。

第X航空軍団

	保有機数	出撃可能機数
7./JG26（シチリア島ジェラ）	15	10

アフリカ方面空軍

	保有機数	出撃可能機数
I./JG27（アイン・エル・ガザラ）	21	18
合計	36	28

c) 5月にバルカン半島侵攻作戦が終結し、第VIII航空軍団傘下のBf109部隊がクレタ島攻略のためギリシャに集結した。1941年5月17日付の戦闘序列では次のように記された。

第X航空軍団

	保有機数	出撃可能機数
7./JG26（シチリア島ジェラ）	15	15

アフリカ方面空軍

	保有機数	出撃可能機数
I./JG27（アイン・エル・ガザラ）	29	22

第VIII航空軍団

	保有機数	出撃可能機数
Stab./JG77（ギリシャ モラオイ）	6	5
II./JG77（ギリシャ モラオイ）	43	33
III./JG77（ギリシャ モラオイ）	42	33
I.(J)/LG2（ギリシャ モラオイ）	28	26
合計	163	134

d) 7./JG26はフランスに帰還する前に、1941年6月から短期間だけI./JG27とともに北アフリカに駐留した。第VIII航空軍団は対ソ戦のため地中海戦域から移動した。1941年の残りの間にJG27のアフリカでの兵力は徐々に増強され、II./JG27が9月に、III./JG27が12月にそれぞれアフリカに進出した。年末までにJG53がマルタ島攻撃に参加のためシチリア島に送られた。このため1941年12月27日時点でのBf109保有機数は次の通り。

アフリカ方面空軍

	保有機数	出撃可能機数
Stab./JG27（アルコ）	3	3
I./JG27（アルコ）	24	10
II./JG27（アルコ）	22	10
III./JG27（アルコ）	20	10

第II航空軍団（シチリアの第X航空軍団と交代する）

	保有機数	出撃可能機数
Stab./JG53（シチリア島コミソ）	6	6
I./JG53（シチリア島ジェラ）	40	31
II./JG53（シチリア島コミソ）	39	28
III./JG53（シチリア島カターニャ）	0	0＊

＊印：リビアからシチリアに撤退する際に保有のBf109はJG27に移管し、シチリアで再編される。

合計	154	98

2. 1942年9月20日時点での地中海戦域におけるBf109保有機数（西部砂漠での地上戦が最高潮に達した時期で、第二次エル・アラメイン戦の1カ月前）

第2航空艦隊
アフリカ方面空軍

	保有機数	出撃可能機数
Stab./JG27	3	2
（サンイェット/クォータイフィヤ）		
I./JG27（トゥルビヤ）	28	15
II./JG27（サンイェット）	26	16
III./JG27	28	18
（サンイェット/クアサバ）		
III./JG53（クアサバ東）	27	14
合計	112	65

第II航空軍団　シチリア島

	保有機数	出撃可能機数
Stab./JG53（シチリア島コミソ）	5	5
II./JG53（シチリア島コミソ）	32	25
I./JG77（シチリア島コミソ）	34	24
合計	71	54

第X航空軍団（ギリシャとクレタ島）

	保有機数	出撃可能機数
第27戦闘分遣隊＊（クレタ島カステリ）	11	6

＊印：クレタ島戦闘分遣隊としても知られる。

総計	194	125

3. 1943年3月10日時点での地中海戦域におけるBf109保有機数（チュニジアでの戦いは終局を迎え、北アフリカの枢軸軍が降伏する）

第2航空艦隊
第II航空軍団

	保有機数	出撃可能機数
II./JG27（シチリア）	31	18
9./JG53（シチリア）	8	5

アフリカ方面空軍

	保有機数	出撃可能機数
Stab./JG53（チュニジア）	3	3
I./JG53（チュニジア）	36	19
II./JG53（チュニジア）	33	25
III./JG53（チュニジア）	47	26
（第9中隊は除く）		
Stab./JG77（チュニジア）	3	2
I./JG77（チュニジア）	26	17
II./JG77（チュニジア）	24	11
III./JG77（チュニジア）	24	11
合計	235	137＊

＊印：東地中海に展開している第X航空軍団は除く。

4. 1943年7月10日時点での地中海戦域におけるBf109保有機数（シチリア島防衛の準備）

第2航空艦隊（すべての部隊がシチリアまたはイタリア南部に展開）

	保有機数	出撃可能機数
IV./JG3	36	28
II./JG27	22	14
Stab./JG53	6	2
I./JG53	36	15
II./JG53	22	18
III./JG53	30	12
Stab./JG77	3	2
I./JG77	39	18
II./JG77	35	3
III./JG77	36	30

南東方面空軍司令部
第X航空軍団（すべての部隊がギリシャあるいはクレタ島に展開）

	保有機数	出撃可能機数
Stab./JG27	2	1
III./JG27	28	19
IV./JG27	29	20
総計	324	182

5. 1944年4月3日時点での地中海戦域におけるBf109保有機数（アンツィオ橋頭堡での戦いの時期）

第2航空艦隊
アフリカ方面空軍
南部地域戦闘機隊司令部

	保有機数	出撃可能機数
III./JG53（アレーナ）	?	15
II./JG77（ドラーゴ）	?	15

イタリア方面戦闘機隊司令部
東部地域戦闘機隊司令部

	保有機数	出撃可能機数
Stab./JG53	?	2
I./JG53	?	20
Stab./JG77	?	2
I./JG77	?	27

中部地域戦闘機隊司令部

	保有機数	出撃可能機数
I./JG4	?	0
（再編中）		

南東方面空軍
ギリシャ派遣空軍司令部

	保有機数	出撃可能機数
7./JG27		
1個シュヴァルム（ギリシャ　カラマキ）	?	4
1個シュヴァルム（クレタ島マラメス）	?	4
1個シュヴァルム（ロードス島ガッドゥーラ）	?	4
総計	?	93

6. 1944年9月5日時点での地中海戦域におけるBf109保有機数（地中海戦域におけるBf109保有機数が記載された最後の戦闘序列）

第2航空艦隊

	保有機数	出撃可能機数
II./JG77（北イタリア　ゲーディ）	54	37

7. 1945年4月9日時点での地中海戦域におけるBf109勢力は、ルフトヴァッフェの偵察部隊とイタリア社会主義共和国空軍（ANR）の部隊だけであった。

	保有機数	出撃可能機数
ANR第I戦闘大隊	45	37
ANR第II戦闘大隊	32	16
ANR第III戦闘大隊	21	13（実戦配備にあらず）
合計	98	66

■北アフリカと地中海戦域における
　ドイツ戦闘機隊パイロット

oa	当戦域に進出した時点における撃墜機数
fs	当戦域における最終撃墜機数
RK	騎士鉄十字章の受章者
RK/E	柏葉付騎士鉄十字章の受章者
RK/E/S	剣柏葉付騎士鉄十字章の受章者
RK/E/S/B	ダイアモンド・剣柏葉付騎士鉄十字章の受章者

注：階級は地中海戦域に到着した時点のもの

■7./JG26
（中隊章：赤いハート）1941年2月9日シチリア島ジェラに到着した12名。

姓/名前	階級	撃墜数	備考
エーレン/カール＝ハインツ	軍曹	6fs	
ハウク/ヘルムート	?	6	III./JG26から異動
ヨハンゼン/ハンス	少尉	6fs	
ケストラー/メルヒオル	軍曹		
キュードルフ/カール	上級曹長	1fs	
ラウベ/エルンスト	上級曹長	22fs	
リービング/?	曹長	2fs	
モンドリィ/?	軍曹		
ヴァーグナー/?	軍曹		
リンデマン/テーオドーア	少尉	1fs	
ミートゥシュ/クラウス	中尉	2oa/10fs	RK/E 1944年9月17日戦死
ミュンヘベルク/ヨアヒム	中尉	23oa/135fs	RK/E/S 1943年3月23日戦死

■I./JG27
Bf109E-7 tropで1941年4月18日にリビアに進出、1941年9月にBf109 F-4 tropへ更新、1942年11月12日にStab./JG27とともにドイツへ帰還。

姓/名前	階級	撃墜数	備考
エスペンラウブ/アルベルト	軍曹	14fs	1941年12月13日捕虜
エレス/フランツ	曹長	5fs	
フェルスター/ヘルマン	上級曹長	6oa	
フランツィスケット/ルートヴィヒ	中尉	14oa/37fs	RK
クリム/ヨーゼフ	軍曹	5fs	
ホフマン/フリードリヒ	少尉	11fs	
ホムート/ゲーアハルト	中尉	15oa/46fs	RK（第3中隊長、その後第I飛行隊長）
カイザー/エーミール	曹長	5fs	
ケブラー/ゲーアハルト	軍曹	6fs	
コトマン/ヴィリ	少尉	7oa	
ケルナー/フリードリヒ	少尉	36fs	RK
コヴァルスキ/ヘルベルト	上級曹長	5fs	
マーク/エルンスト	軍曹	5fs	
マルセイユ/ハンス＝ヨアヒム	士官候補生	7oa/158fs	RK/E/S/B（第3中隊長）1942年9月30日戦死
メントニヒ/カール	上級曹長	5fs	
ノイマン/エードゥアルト	大尉		（第I飛行隊長、1942年6月から航空団司令）

姓/名前	階級	撃墜数	備考
レマー/ハンス	少尉	14fs	
レートリヒ/カール=ヴォルフガング	中尉	10oa	RK（第1中隊長）1944年5月29日戦死
シュミット/ハインツ	少尉	5fs	
シュナイダー/フーゴー	中尉	9fs	
シュロアー/ヴェルナー	少尉	61fs	RK/E/S
ジナー/ルドルフ	中尉	32fs	（第Ⅱ飛行隊にも在籍）
シュタールシュミット/ハンス=アルノルト	士官候補生	59fs	RK/E（第2中隊長）1942年9月7日戦死
シュタインハウゼン/ギュンター	軍曹	40fs	1942年9月6日戦死
フォン・リーレス・ウント・ヴィルカウ/カール	少尉	24fs	

■ II./JG27
Bf109F-4 tropとともに1941年9月にアフリカへ進出し、1942年11月末にイタリアへ移動。

姓/名前	階級	撃墜数	備考
ベンデアト/カール=ハインツ	上級曹長	36fs	RK
ベームゲン/エルンスト	少尉	13fs	
クラーデ/エーミール	上級曹長	9fs	
デュルベルク/エルンスト	中尉	10fs	
ゲルリッツ/エーリヒ	大尉	12fs	（第Ⅱ飛行隊長、1942年5月JG53に異動）
ハイデル/アルフレート	軍曹	7fs	
イェニシュ/クルト	少尉	9fs	
キーンチ/ヴィリ	士官候補生	15fs	
クレンツケ/エーリヒ	上級曹長	6fs	
リッペルト/ヴォルフガング	大尉	25oa/29fs	RK（第Ⅱ飛行隊長）1941年11月23日捕虜
ニーダーヘファー/ハンス	軍曹	13	
ロイター/ホルスト	軍曹	21	1942年5月27日捕虜
レーデル/グスタフ	中尉	20oa/52fs	RK（第4中隊長）
ザヴァリシュ/エルヴィーン	上級曹長	19oa	RK
シュナイダー/ベルント	少尉	14fs	1943年4月29日戦死
シュルツ/オットー	上級曹長	9oa/51fs	1942年6月17日戦死
シュタイス/ハインリヒ	曹長	12fs	
シュティーグラー/フランツ	上級曹長	17fs	
フェーグル/フェルディナント	中尉	25fs	

■ III./JG27
1941年5月5日から5月末までシチリア島に駐留、1941年12月にアフリカに移駐、1942年11月12日にクレタ島とギリシャに移動。

姓/名前	階級	撃墜数	備考
フォン・カーゲネク/エアボ	中尉	67fs	RK/E 1941年12月23日戦死

■ Stab/JG27
1941年12月から北アフリカ、1942年11月12日にドイツへ移動、1943年2月からイタリアに移駐。

姓/名前	階級	撃墜数	備考
ヴォルデンガ/ベルンハルト	少佐	3fs	RK（航空団司令）

■ II./JG3
1941年12月から地中海戦域、1942年5月にソ連へ移動。

姓/名前	階級	撃墜数	備考
クラール/カール=ハインツ	大尉	20+oa	RK 1942年4月14日戦死
オールロッゲ/ヴァルター	曹長	39oa	RK
キルシュナー/ヨアヒム	少尉		

姓/名前	階級	撃墜数	備考
ブレンドレ/クルト	中尉	40+oa	RK 1943年11月3日戦死
シュヴァイガー/フランツ	軍曹		RK 1944年4月24日戦死

■ I./JG53
1941年11月にシチリアへ進出、1942年5月にソ連へ移動、1942年10月にふたたびシチリアへ移動。

姓/名前	階級	撃墜数	備考
フォン・マルツァーン/ギュンター	少佐	50+oa	RK/E（航空団司令）
シース/フランツ	少尉	15oa	RK（のちに第8中隊長）1943年9月2日戦死
カミーンスキ/ヘルベルト	大尉		（第Ⅰ飛行隊長）
クヴェト=ファスレム/クラウス	少尉	5+oa	RK（第Ⅰ飛行隊付副官）1944年1月30日戦死
ミューラー/フリードリヒ=カール	中尉	20oa	RK/E（第1中隊長、1942年11月から第Ⅰ飛行隊長）
トネ/ヴォルフガング	少尉	101oa/122fs	RK/E 1943年4月20日戦死
クリニウス/ヴィルヘルム	少尉	100oa/114fs	RK/E 1943年1月13日捕虜
ミュラー/ハンス	少尉	30+	

■ II./JG53
1941年11月末にシチリアへ進出。

姓/名前	階級	撃墜数	備考
ミヒャルスキ/ゲーアハルト	少尉	20	RK/E（第4中隊長、1942年7月から第Ⅱ飛行隊長）
ディンガー/フリッツ	少尉	67fs	RK 1943年7月27日戦死
ロルヴァーゲ/ヘルベルト	曹長		RK/E

■ III./JG53
1941年11月末にシチリアへ進出、1941年12月にリビアとシチリア島へ移動、1942年5月にリビアへ移動、1942年10月にシチリア島へ移動。

姓/名前	階級	撃墜数	備考
アルテンドルフ/ハインツ	中尉	14	（第7中隊長）1941年12月15日捕虜
バーンゼン/イェンス	曹長	6/7+	
ハルダー/ユルゲン	少尉	16fs	
ゲッツ/フランツ	中尉	30oa+	（第8中隊長）
クラーガー/エルンスト	少尉	5+	
ノイホフ/ヘルマン	上級曹長	37oa/40fs	RK 1942年4月10日捕虜
シュラム/ヘルベルト	少尉	37oa	
ザイデル/アルフレート	中尉	5+	
シュトゥンプフ/ヴェルナー	上級曹長	15oa/47fs	RK 1942年10月13日戦死
ヴィルッケ/ヴォルフ=ディートリヒ	大尉	33oa	RK/E/S 1944年3月23日戦死

■ I./JG77
1942年7月6日にシチリアへ進出、その後アフリカに移動。

姓/名前	階級	撃墜数	備考
ベーア/ハインツ	大尉	120oa/130fs	RK/E/S
ベレス/ハインツ=エトガル	中尉	7oa/53fs	RK（第1中隊長）1943年7月24日戦死
フライターク/ジークフリート	中尉	49+oa	RK
ガイスハルト/フリッツ	大尉	82oa	RK/E

■ II./JG77
1942年12月にアフリカに進出。

姓/名前	階級	撃墜数	備考
バドゥム/ヨハン	少尉	54fs	RK 1943年1月11日戦死

姓/名前	階級	撃墜数	備考
ブルックハルト/ルッツ=ヴィルヘルム	中尉	53oa	RK
ハックル/アントン	大尉	118oa	RK/E/S
マーダー/アントン	大尉	50+oa	RK
ライナート/エルンスト=ヴィルヘルム	少尉	104oa	RK/E/S

■III./JG77
1942年10月28日にソ連からアフリカへ移動。

姓/名前	階級	撃墜数	備考
ゲーデルト/ヘルムート	中尉	25oa	
フイ/ヴォルフ=ディートリヒ	大尉	40oa	1942年10月29日捕虜
カイザー/ヘルベルト	上級曹長	7	RK
オメルト/エーミール	中尉	55oa	RK 1944年4月24日戦死
ウーベン/クルト	大尉	95oa/101	RK/E（第III飛行隊長）1944年4月27日戦死

■Stab./JG77
1942年10月28日にソ連からアフリカへ移動。

姓/名前	階級	撃墜数	備考
ミュンヘベルク/ヨアヒム	少佐	100+oa/135fs	1943年3月23日戦死
シュタインホフ/ヨハネス	中佐	150oa	RK/E

■II./JG51
1942年11月14日にアフリカに進出、1943年4月20日にシチリア島へ移動。

姓/名前	階級	撃墜数	備考
グラサー/ハルトマン	大尉	92oa	RK/E
ハーフナー/アントン	曹長	62oa/82fs	1944年10月17日戦死
ハイドリヒ/ハンス	中尉		1943年1月12日戦死
ミンク/ヴィルヘルム	上級曹長		RK 1945年3月12日戦死
ラメルト/カール	少佐	5+/46fs	RK（第II飛行隊長）
ブシュマン/ヘルベルト	大尉	5+	RK 1944年2月3日戦死

■II./JG2
1942年11月にフランスからアフリカに進出。

姓/名前	階級	撃墜数	備考
ビューリゲン/クルト	中尉	40	（北アフリカでの撃墜スコア）
ルドルファー/エーリヒ	少尉	27	（北アフリカでの撃墜スコア）
ディックフェルト/アードルフ	中尉	18	（北アフリカでの撃墜スコア）
ゴルチュ/クルト	上級曹長	14	（北アフリカでの撃墜スコア）

■11./JG2
II./JG53を増強するため1942年11月にシチリアへ進出。

姓/名前	階級	撃墜数	備考
マイムベルク/ユーリウス	中尉		（第11中隊長）

■11./JG26
II./JG51を増強するため1942年11月に北アフリカへ進出。

姓/名前	階級	撃墜数	備考
ヴェストプファル/ハンス=ユルゲン	中尉	22fs	（第11中隊長）

■**メッサーシュミットBf109戦闘機──要目**

メッサーシュミットBf109E-7 trop
用途　：単座戦闘機
武装　：MG-FF/M　20mm機関砲（携行弾数60発）2門
　　　　MG17　7.92mm機関銃（携行弾数1000発）2挺
エンジン：ダイムラー=ベンツDB601A倒立V型液冷エンジン
　　　　離昇出力1100PS
寸法　：全幅　9.9m
　　　　全長　8.8m
　　　　全高　2.6m（三点姿勢でカウリング上端まで）
全備重量：2691kg
自重　：2170kg
性能　：最高速度　555km/h（高度6000m）
　　　　巡航速度　455km/h（高度5000m）
　　　　実用上昇限度　10300m
　　　　航続距離　665km

メッサーシュミットBf109F-4 trop
用途　：単座戦闘機
武装　：MG151/20　20mm機関砲（携行弾数200発）1門
　　　　MG17　7.92mm機関銃（携行弾数500発）2挺
エンジン：ダイムラー=ベンツDB601E倒立V型液冷エンジン
　　　　離昇出力1350PS
寸法　：全幅　9.924m
　　　　全長　9.020m
　　　　全高　2.5m（三点姿勢でカウリング上端まで）
全備重量：2915kg
自重　：2045kg
性能　：最高速度　626km/h（高度6200m）
　　　　巡航速度　496km/h（高度5000m）
　　　　実用上昇限度　11600m
　　　　航続距離　660km

メッサーシュミットBf109G-6/U4
用途　：単座戦闘機
武装　：MK108　30mm機関砲（携行弾数65発）1門
　　　　MG131　13mm機関銃（携行弾数300発）2挺
エンジン：ダイムラー=ベンツDB605A倒立V型液冷エンジン
　　　　離昇出力1475PS
寸法　：全幅　9.924m
　　　　全長　9.020m
寸法　：全高　2.5m（三点姿勢でカウリング上端まで）
全備重量：3242kg
自重　：2278kg
性能　：最高速度　640km/h（高度6600m）
　　　　巡航速度　595km/h（高度6000m）
　　　　実用上昇限度　11200m
　　　　航続距離　560km

［編注：ドイツ軍は口径20mmまでを機関銃（MG）、それより口径の大きなものを機関砲（MK）と呼んだが、本書では便宜上、20mm以上を機関砲と表記している］

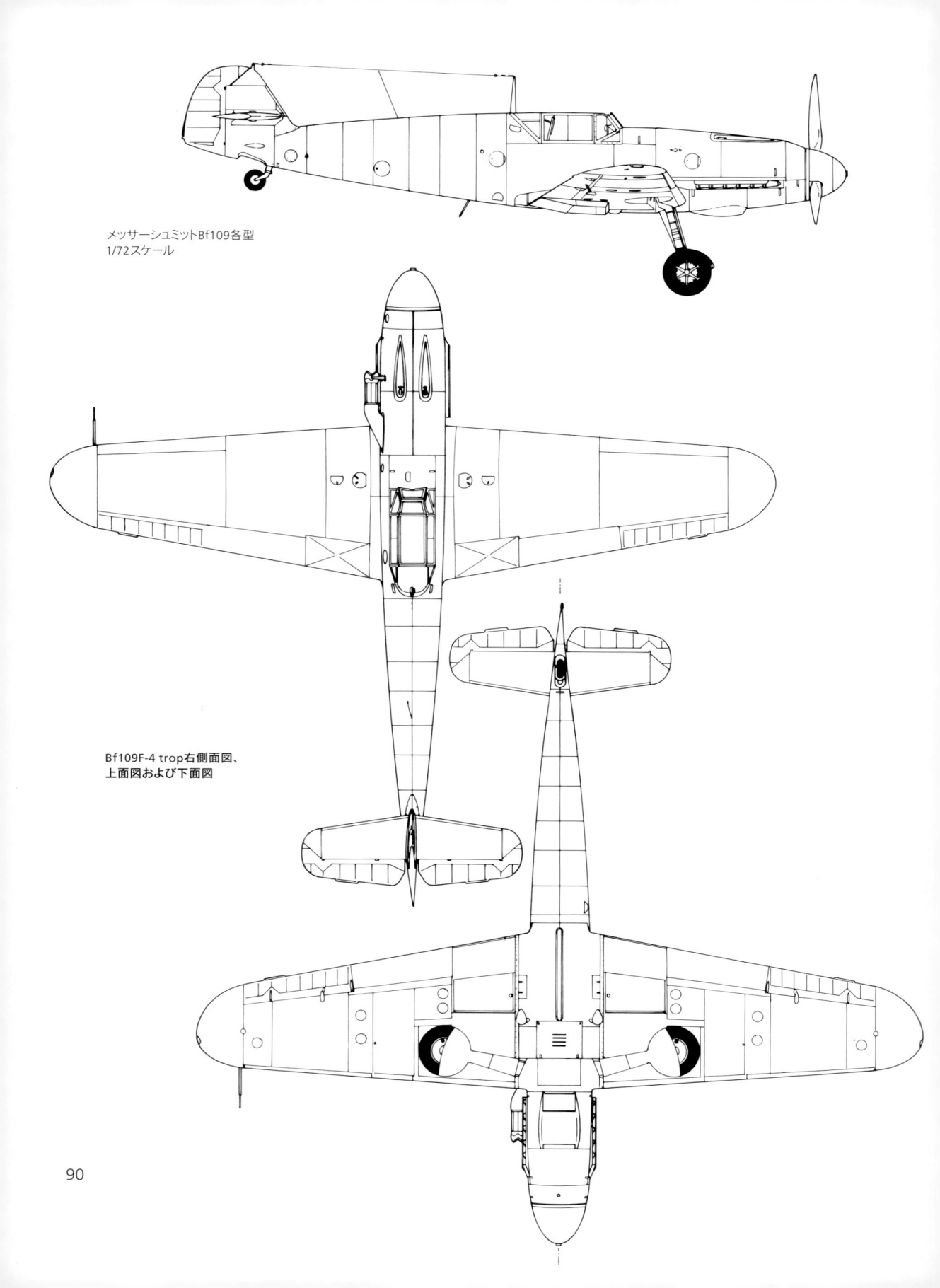

メッサーシュミットBf109各型
1/72スケール

Bf109F-4 trop右側面図、
上面図および下面図

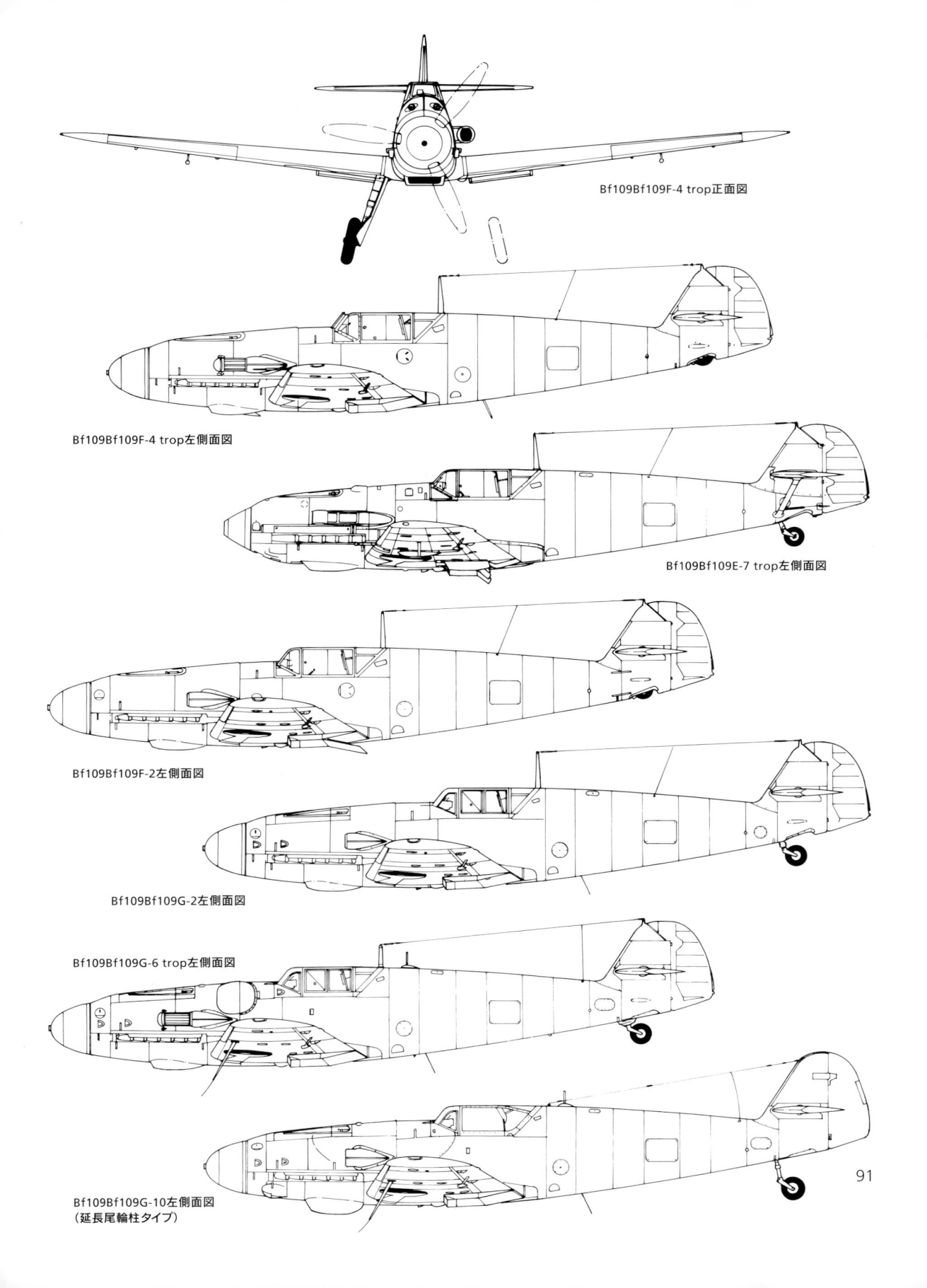

Bf109Bf109F-4 trop正面図

Bf109Bf109F-4 trop左側面図

Bf109Bf109E-7 trop左側面図

Bf109Bf109F-2左側面図

Bf109Bf109G-2左側面図

Bf109Bf109G-6 trop左側面図

Bf109Bf109G-10左側面図
（延長尾輪柱タイプ）

91

カラー塗装図　解説
colour plates

1
Bf109G-1 "白の11" 1942年11月 チュニジア　ビゼルタ
第2戦闘航空団第11中隊長ユーリウス・マイムベルク中尉

与圧式コクピット装備のBf109G-1を使い、1942年6月に特別高度戦闘中隊としてフランスで編成された第2戦闘航空団第11中隊は、11月に地中海戦域に移動した。図の製造番号14063に見られるように、移動した当初はヨーロッパ方面向け三色グレイ(RLM色番号74/75/76)迷彩塗装のままで、同中隊はアフリカに到着するとほとんどすぐに第53戦闘航空団第II飛行隊と共同作戦を始めた。1944年4月に"ユーレ"・マイムベルクは第53戦闘航空団第II飛行隊長となり、以後敗戦時までその任にあったが、1944年10月24日付で騎士鉄十字章を受章し総撃墜数は53機に達した[訳注：カウリング下面は図4と同様に黄色が正しい。これは敵味方識別塗装であり、Bf109G-4までは塗り直されない限り全機に塗られていたと思われる。公式には1944年7月にスピナーの渦巻きが導入されると廃止されたが、それ以前から塗られていない機体もあれば、逆に図4の様に両方ある機体も確認できる]。

2
Bf109F-4 trop "白のシェヴロンと三角" シチリア島サン・ピエトロ
第3戦闘航空団第II飛行隊長カール=ハインツ・クラール大尉

第2戦闘航空団「リヒトホーフェン(Richthofen)」と同様、第3戦闘航空団「ウーデット(Udet)」もまた地中海方面の戦闘機隊戦力増強のためこの戦域に派遣された。第3戦闘航空団の場合は第II飛行隊全部が1942年初めに移動した。同飛行隊所属機は地中海方面の標準的な迷彩塗装である上面サンドイエロー；RLM色番号79、下面ライトブルー78に塗られていたが、なかにはこの図の製造番号8665のように上面にオリーヴグリーン80を軽く重ね塗りした機体もあった。クラールは1942年4月14日にマルタ島のルカ飛行場を機銃掃射中に対空砲火で撃墜され戦死したが、撃墜数は19機に達していた[訳注：カウリング下面は図4と同様に黄色が正しい]。

3
Bf109F-4 trop "黄の3" 1942年2月 シチリア島シャッカ
フランツ・シュヴァイガー軍曹　第3戦闘航空団第6中隊

地中海方面の標準的な迷彩塗装を施された、やはり第3戦闘航空団第II飛行隊に所属するこの機体には、赤で縁取りされた白黒2色の飛行隊章が記入されている。カウリングに記入された女友達の名前のような個人マーキングは、この時期の地中海戦域では比較的めずらしい。シュヴァイガーは1942年10月29日付で騎士鉄十字章を受勲したが、1943年7月3日に本土防空戦に従事し戦死。1944年4月24日の空戦中に燃料切れでアウグスブルク北方に不時着した直後、シュバイガーはP-51の機銃掃射で倒されたのだった。撃墜数は67機に達していた[訳注：カウリング下面は図4と同様に黄色が正しい]。

4
Bf109G-6 trop "黒の二重シェヴロン" 1943年8月
イタリア　サン・セヴェロ
第3戦闘航空団第IV飛行隊長フランツ・バイアー少佐

第II飛行隊が1942年1月から4月までシチリアに派遣された以外は、新たに編成された第IV飛行隊が1943年7月から9月までのあいだイタリアに駐留するまで、第3戦闘航空団は地中海戦域に登場しなかった。バイアーの乗機は大戦中期の標準迷彩塗装で、飛行隊長機を表すシェヴロンとともに、羽根が生えたウーデットの「U」をあしらった航空団記章と、第3戦闘航空団では第IV飛行隊を示す通常より短い波形マーキングが、胴体後部に記入されている。翼下面の21cm空対空ロケット弾発射筒にも注目。バイアーは1941年8月30日付で騎士鉄十字章を受勲したが、1944年2月11日にオランダのフェンロー近くで2機の

スピットファイアに追撃された際に木に衝突し戦死した。この時点でバイアーの撃墜数は83機に達しており、ほかに10機以上の地上撃破も記録していた。

5
Bf109E-7/N "白の15" 1941年6月 リビア
アイン・エル・ガザラ　カール・ラウプ軍曹　第26戦闘航空団第7中隊

地中海戦域に限定展開したもうひとつの戦闘航空団である第26戦闘航空団「シュラーゲター(Schlageter)」の第7中隊は、この方面に1941年2月から9月まで展開した。ラウプ機はこの時期に見られる第7中隊機の典型的塗装であり、胴体後部の作戦域を表す白帯とともにカウリングと方向舵が黄色く塗られており、赤いハートの中隊章と独特の書体の黒い「S」を白い楯にあしらった航空団記章も記入されている。"カールヒェン(「カールちゃん」という意味)"・ラウプは第26戦闘航空団の屋台骨ともいえる下士官パイロットの一員で、プラントリュエンヌのMe262基地上空哨戒に就いていた1944年12月14日、イギリス空軍のテンペストの攻撃で戦死するまでに7機を撃墜していた。

6
Bf109E-7/N "白の12" 1941年2月 シチリア島ジェラ
第26戦闘航空団第7中隊長ヨアヒム・ミュンヘベルク中尉

上の"白の15"と基本的に同じ塗装のこの"白の12"は、シチリアに移動したばかりでまだ胴体後部に作戦域を表す白帯はない。中隊長を表す金属製の白いペナントがアンテナマストに取付けられている。この機体は翼内機関砲のすぐ内側にガンカメラを装備している。ミュンヘベルクはエクスペルテのひとりで、第7中隊が最初に地中海戦域へ派遣されたときにあげた52機の撃墜スコアのうち、25機はミュンヘベルクが撃墜した。1942年10月に彼は第77戦闘航空団の司令としてアフリカに戻ってきた。1943年3月23日にミュンヘベルクは135機目で最後のスコアとなったアメリカ軍のスピットファイアを撃墜したが、その機体に接近し過ぎたために衝突、墜死した。

7
Bf109G-1 "黒の1" 1942年11月 シチリア島トラーパニ
第26戦闘航空団第11中隊長ハンス=ユルゲン・ヴェストファル中尉

第26戦闘航空団第11中隊は1942年8月にフランスで2番目に編成された特別高度戦闘中隊であったが、同年11月には地中海戦域に派遣された。ヴェストファルの乗機は標準的な与圧型であるG-1の特徴をすべて備えている。胴体後部の第11中隊独特の、通常よりかなり短い波形マーキングに注目。同中隊は1942年12月3日にチュニスの基地を襲った連合軍の空爆で大きな損害を被り、生き残ったパイロットと残存機は第51戦闘航空団第II飛行隊に吸収された。ヴェストファル自身は大戦を生き延び、総撃墜数は22機に達した[訳注：カウリング下面は図4と同様に黄色が正しい]。

8
Bf109F-4 trop "白のシェヴロンとA"
1942年11月ころ リビア　マルトゥバ
第27戦闘航空団第I飛行隊付副官ヴェルナー・シュロアー中尉

北アフリカの西部砂漠におけるドイツ軍戦闘機隊の代表ともいえるのが第27戦闘航空団で、図の機体は砂漠迷彩とマーキングの完璧な見本といえる。上面が色あせたサンドイエロー79、下面がライトブルー78に塗られており、地中海戦域を表す白で機首、スピナー、胴体後部の帯、翼端が塗られている。胴体には通常の飛行隊付副官の標識でなくその変形が記入されており、通常はシェヴロンだけのところに様式化した「A」が追加されている[訳注：シュロアーが第I飛行隊付副官を務めていたときは82ページ下の写真の機体を使ったため、この図は後任のヨスト・シュラング中尉の乗機と思われる。なおカウリング下

面は図24と同様に黄色が正しい]。

9
Bf109F-4 trop "黒のシェヴロンとT" 1942年4月ころ リビア
マルトゥバ　第27戦闘航空団第I飛行隊付技術将校ルドルフ・ジナー中尉
図8の機体と同じ部隊の所属ではあるが、このジナー機は上下の迷彩色の分割位置が胴体下方にずっと寄っている。角度が浅い黒いシェヴロン形状だけでなく、技術将校を表す標識のシェヴロンと縦棒と円の代わりに"T"をシェヴロンの内側に記入していることに注目。ジナーが挙げた最終撃墜スコア39機のうち、すでに最初の3機が方向舵に黒で記入されている[訳注：カウリング下面は図24と同様に黄色が正しい]。

10
Bf109F-4 trop "黒のシェヴロンと三角"
1941年12月ころ リビア　マルトゥバ
第27戦闘航空団第I飛行隊長エードゥアルト・ノイマン大尉
もう一機の標準的な砂漠迷彩とマーキングの組み合わせであるこの機体は、機首と方向舵を黄で塗られている。有名な第I飛行隊章に注目。北アフリカの砂漠と強く関連付けて連想されるこの隊章は、実際は第27戦闘航空団が地中海戦域に派遣されるよりずっと以前、まだフランスに駐留していたBf109Eに記入が始まっている。この隊章が1940年に制定されたのは予知超能力（ＥＳＰ）の初期の例なのではなく、ドイツが以前アフリカに持っていた植民地に、初代飛行隊長リーゲル大尉の関心が向いていたことを反映したにすぎない。"エドゥ"・ノイマンはその後第27戦闘航空団司令官を務め、11機の撃墜スコアをもって大戦を生き延びた。

11
Bf109E-7 trop "黒のシェヴロン" 1941年4月 リビア
カステル・ベニト
第27戦闘航空団第I飛行隊付副官ルートヴィヒ・フランツィスケット中尉
第27戦闘航空団機は初期に地中海戦域に派遣された第27戦闘航空団の機体で、まだ上面がダークグリーンとグレイ（71/02）、下面ライトブルー（65）のヨーロッパ迷彩のままだが、胴体後部には戦域マーキングの白帯が記入されている。黄色いカウリングと方向舵にグリーンの斑点が軽く重ね塗りされ、方向舵に白い14本の撃墜スコアが記入されている。フランツィスケットは1941年7月20日付で騎士鉄十字章を授かり、大戦終結までに撃墜スコアは43機に達した。

12
Bf109E-7 trop "黒のシェヴロン" 1941年4月 リビア
カステル・ベニト　第27戦闘航空団第I飛行隊付副官
ルートヴィヒ・フランツィスケット中尉
フランツィスケットがのちに使った機体はタン79に塗られた（SKG210高速爆撃航空団所属機を除くと）めずらしいBf109Eの1機である。ここではまだ退色していない暗い色調を示す。この機体では飛行隊付副官を示すマーキング規定に沿ったシェヴロンだけとなっている。少佐に昇進したフランツィスケットは1944年12月末から、第27戦闘航空団最後の司令官を務めた。

13
Bf109F-4 trop "白の11" 1941年12月 リビア　マルトゥバ
アルベルト・エスペンラウプ上級曹長　第27戦闘航空団第1中隊
砂漠に進出してからあげた14機の撃墜戦果を記入した、標準的な砂漠迷彩のエスペンラウプ機。彼はこの機体で1941年12月13日にイギリス空軍のハリケーンとはげしい空中戦を演じ、連合軍占領地域に不時着した直後に捕虜となった。エスペンラウプの傷ついた乗機が地面を滑ってようやく止まった数分後にイギリス第8軍兵士にとらえられたのだ。しかし、戦争が終わるまでを鉄条網の内側で過ごす気などはなくなったエスペンラウプは、最初に訪れた機会を逃すことなく脱走を図った。しかしその試みは失敗し、捕虜となってから数時間後には射殺された[訳注：カウリング下面は図24と同様に黄色が正しい]。

14
Bf109E-7 trop "白の1" 1941年7月 リビア　アイン・エル・ガザラ
第27戦闘航空団第1中隊長カール=ヴォルフガング・レートリヒ中尉
地中海戦域に派遣された初期のE-7 tropで、まだヨーロッパ迷彩のままの胴体後部には戦域マーキングの白帯が記入されている。黄色い方向舵には20機の撃墜スコアが記入されているが、レートリヒはスペイン内戦でコンドル軍団に所属していたときに最初の4機を撃墜し、1941年7月9日付で騎士鉄十字章を授かった。最後の43機目はB-24で、第27戦闘航空団第I飛行隊の任にあった1944年5月20日にオーストリア上空で撃墜したが、この日、彼自身も生き残ることはできなかった[訳注：グレイ三色迷彩で描かれているが、図11と同様に上面はダークグリーン71とグレイ02、下面はライトブルー65が正しい]。

15
Bf109F-4 trop "赤の1" 1942年8月　エジプト　クオタイフィヤ
第27戦闘航空団第2中隊長
ハンス=アルノルト・シュタールシュミット少尉
マルセイユの親友だった"フィフィ"・シュタールシュミットは、北アフリカの砂漠におけるドイツ戦闘機乗りのなかでもっとも成功した部類に属する。図は48機撃墜時を示し、このとき彼はすでに騎士鉄十字章を佩用していた。このあとさらに11機のスコアを追加したが、1942年9月7日にエル・アラメインの南東でスピットファイアに襲われたのち行方不明となった。1944年1月3日付で柏葉付騎士鉄十字章を追贈された[訳注：カウリング下面は図24と同様に黄色が正しい]。

16
Bf109F-4 trop "黄の1" 1942年2月 リビア　マルトゥバ
第27戦闘航空団第3中隊長ゲーアハルト・ホムート大尉
機首に白帯がなく、異なった中隊色で記入された機体番号以外はシュタールシュミット機とほとんど同じ塗装。方向舵の撃墜マークはホムートもまた砂漠の戦いにおけるエクスペルテであることの証で、1941年6月14日に騎士鉄十字章を授かった。彼はアフリカ戦役を生き延び、JG54第I飛行隊長の任にあった1943年8月3日に東部戦線で撃墜されるまでさらに20機を撃墜した[訳注：図17と同じく機首前部は白く塗られ、上下面迷彩色は胴体側面ほぼ中央での塗り分け、撃墜マーキングは黄色が正しい。また第I飛行隊記章は描かれてなく、カウリング下面は図24と同様に黄色が正しい]。

17
Bf109F-4 trop "黄の14" 1942年2月 リビア　マルトゥバ
ハンス=ヨアヒム・マルセイユ少尉　第27戦闘航空団第3中隊
ドイツ軍戦闘機隊の北アフリカにおける活躍で第27戦闘航空団を忘れることができないのは、その航空団に属したひとりのパイロットが他のすべての頂点に立ったからにほかならない。しかし当のハンス=ヨアヒム・マルセイユにとって、砂漠への到着は幸先がよいとはいえなかった。「マルセイユの軍歴には汚点があった。自己顕示欲が強すぎたのだ」と彼の上官のひとりは述べていた。しかし北アフリカ戦線の過酷さと困苦は、出身地ベルリンの社交界で映画スターたちとの交際に馴染んでいた長髪の若者を、驚くほど変化させた。それが彼を砂漠の戦いのもっとも偉大なエースへと成長させていった。製造番号8693の赤い下塗り塗料で塗られた方向舵に記入された50機の撃墜スコアは、彼に1942年2月22日付で騎士鉄十字章をもたらしたが、これはほんの始まりにすぎなかった[訳注：カウリング下面は図24と同様に黄色が正しい]。

18
Bf109F-4 trop "黄の14" 1942年5月 リビア　トミミ
ハンス=ヨアヒム・マルセイユ少尉　第27戦闘航空団第3中隊
これは3カ月後、68機に達した撃墜スコアが記入された製造番号

10059のマルセイユ機を示す[訳注：上下面迷彩色の塗り分けは図17とほぼ同じ位置で分割されるのが正しく、スピナーは3分の1が白、3分の2がブラックグリーン70の上から白を薄く塗ったようにみえる。またカウリング下面と撃墜スコアは黄色である]。

19
Bf109F-4 trop "黄の14" 1942年6月 リビア アイン・エル・ガザラ
第27戦闘航空団第3中隊長ハンス=ヨアヒム・マルセイユ中尉

マルセイユの撃墜数はその1カ月余り後には68機から101機に急上昇した。このときまでに中隊長に昇進したマルセイユは、製造番号10137の乗機に幸運の「黄14」を付け、方向舵の撃墜スコアは急速に増えつつある撃墜数を考慮して十分な余白をとってある。6月3日に70～75機目を撃墜、その功により騎士鉄十字章に柏葉を得たので、「70」がきっちりと柏葉で囲われている[訳注：カウリング下面は図24と同様に黄色が正しい]。

20
Bf109F-4 trop "黄の14" 1942年9月 エジプト クオタイフィヤ
第27戦闘航空団第3中隊長ハンス=ヨアヒム・マルセイユ大尉

さらに50機のスコアを重ねるまでにちょうど3カ月を要したが、このときまでにマルセイユはダイアモンド・剣柏葉付騎士鉄十字章の叙勲を受けた。第I飛行隊章を記入した唯一のマルセイユのF型として知られている製造番号8673には、いまや有名となった"黄の14"の下に以前の所有者の痕跡がうかがえる。しかし、その後1942年9月30日には考えられない事態が起こったのである。この日真新しいBf109 G-2 trop、製造番号14256でのいつもの索敵攻撃任務の帰途、操縦席に煙が充満してきた。半分窒息したような状態でマルセイユはパラシュート脱出を試み、操縦席から離脱した直後に尾翼に衝突し、わずかにパラシュートが広がった状態で地面に激突し死んだ。この砂漠におけるもっとも偉大な戦士は158機のスコアを残したが、7機を除いた他のすべては砂漠の戦いで得たものであった[訳注：カウリング下面は図24と同様に黄色が正しい]。

21
Bf109F-4 trop "黒の二重シェヴロン" 1941年11月
リビア アイン・エル・ガザラ
第27戦闘航空団第II飛行隊ヴォルフガング・リッペルト大尉

リッペルトもまたスペイン内戦で最初の撃墜戦果をあげた第27戦闘航空団のエースであり、スペイン内戦では4機を落とした。この製造番号8469は標準的な砂漠迷彩に第II飛行隊章(本拠地であるベルリン市と黒熊)と、規定通りの二重シェヴロンの飛行隊長標識、それに方向舵には25機の撃墜スコアを記入している。彼は1940年9月24日に騎士鉄十字章を授かった。リッペルトは最後の戦果となった29機目を1941年11月23日に記録したのち、同日遅くに連合軍側戦線内で撃墜され、パラシュート脱出の際に両足を尾翼にぶつけて骨折した。連合軍の病院に収容されたが壊疽に罹り、両足切断の甲斐もなく塞栓症で10日後死亡した[訳注：カウリング下面は図24と同様に黄色が正しい]。

22
Bf109G-4 trop "白の三重シェヴロンと4" 1943年4月
シチリア島カターニャ
第27戦闘航空団第II飛行隊長グスタフ・レーデル大尉

やはりかつてコンドル軍団に所属していたレーデルは、中尉当時にリッペルトの損失により一時的に第27戦闘航空団第II飛行隊長代理を務めた。その後は1942年5月から1943年4月にかけての約11カ月、第II飛行隊長の任にあり、1943年6月20日には柏葉付騎士鉄十字章を授かった。1943年4月22日から1944年末まで第27戦闘航空団の最後から一代前の航空団司令を務めたレーデルは、98機の撃墜スコアを以て大戦を生き抜いた[訳注：この機体はレーデルの乗機でなく第77戦闘航空団本部の所属機であり、当然カウリングに第II飛行隊章はつかない。当時第77戦闘航空団のみが航空団本部所属機に黒縁つき白の三重シェヴロンを使っていた。なおカウリング下面は黄色に塗られていた]。

23
Bf109F-4 trop "黒のシェヴロン" 1942年6月 リビア トミミ
第27戦闘航空団第II飛行隊付技術将校オットー・シュルツ中尉

シュルツはマルセイユと同じ1942年2月22日に騎士鉄十字章を授かったのち、ドイツに帰還した。休暇後に将校に任官するための教育を受けて、彼は5月にアフリカへ戻ってきた。シュルツは第27戦闘航空団第II飛行隊付技術将校を務め、6月17日に戦死した時の乗機は図の飛行隊付副官の標識を記入した製造番号10271であった[訳注：シェヴロンはもっと国籍標識に接近して記入されており、方向舵には50機分の撃墜スコアが記入されていたと思われる。またカウリング下面は図24と同様に黄色が正しい]。

24
Bf109 F-4 trop "白の12" 1942年8月 エジプト クオータイフィヤ
フランツ・シュティーグラー上級曹長 第27戦闘航空団第4中隊

ほとんど没個性的ともいえるシュティーグラー機は機首に第II飛行隊章もなければ、通常はコクピット側面に描かれる、不時着して翼の折れたイギリス空軍のライオンをかたどった第4中隊章も付いてない。地味な性格のシュティーグラーはそれでも大戦終結までに重爆撃機5機を含めて28機の撃墜を記録した。

25
Bf109F-4 trop "黄の2" 1942年2月 リビア マルトゥバ
オットー・シュルツ曹長 第27戦闘航空団第4中隊

やはり標準的な砂漠迷彩を施した第II飛行隊に所属するシュルツのF-4tropは、方向舵に記入された撃墜スコアが彼の乗機である事を主張している。スコアは対ソ戦以前にあげた6機、東部戦線での3機、それにアフリカに着いてからの35機である。その後シュルツは1942年2月22日に騎士鉄十字章を授かり、6月17日にキティーホークの餌食となるまでにさらに7機を重ね、戦死時の撃墜数は51機だった[訳注：機体番号は黄でなく白で、白帯の前に横棒は付かないのが正しい。またカウリング下面は図24と同様に黄色に塗られていた]。

26
Bf109F-4 trop "黄の1" 1942年6月 リビア トミミ
第27戦闘航空団第6中隊長ルドルフ・ジナー中尉

図9と比較すると"ルディ"・ジナーの撃墜スコアは6機に増えた。迷彩色の塗り分け位置から方向舵は明らかに取り替えられたものであることが判る。敗戦直前の数週間、ジナー少佐はMe262装備のJG7第III飛行隊長の任にあり、この間に負傷したものの大戦を生き抜いた[編注：本シリーズの第3巻「第二次大戦のドイツジェット機エース」第3章を参照]。最終スコアは39機で、この内7機以外はすべて砂漠の戦いであげたものであった[訳注：上下面迷彩色の塗り分けは25図とほぼ同じ位置で分割されるのが正しい。またカウリング下面は図24と同様に黄色に塗られていた]。

27
Bf109E-7 "黒のシェヴロンと三角" 1941年5月 シチリア島
第27戦闘航空団第III飛行隊長マックス・ドビスラフ大尉

バルカン半島での戦いが終わったのち、第27戦闘航空団第III飛行隊は、マルタ島攻略のため短期間だけシチリアに駐留していた。そのため、ユーゴスラビアとギリシャでの戦いの遺物である黄色いカウリングに、地中海方面を表す白い方向舵と胴体帯という、作戦域を表すマーキングの混用が起きている。幹部標識や機体番号をカウリングに記入するという第III飛行隊の慣習は、前身の第1戦闘航空団第I飛行隊時代から行われてきた。本拠地である東プロイセンのイェーザウ市の紋章の上からBf109 3機のシルエットを重ねた第III飛行隊章も同様である。戦前から同飛行隊に所属していたドビスラフは15機撃墜

のスコアをもってなんとか大戦を生き抜いた［訳注：グレイ三色迷彩で描かれているが図5と同様の上面はダークグリーン71とグレイ02、下面はライトブルー65が正しい。また方向舵は黄色でイギリス機8機分の撃墜スコアが記入されている］。

28
Bf109G-6　"黒の二重シェヴロン"　1943年12月
ギリシャ　カラマキ
第27戦闘航空団第III飛行隊長エルンスト・デュルベルク大尉

ディルベルクは1940年8月まで第27戦闘航空団第8中隊に属していたが、その後一時期第5中隊長や航空団本部付副官を務め、1942年10月から第III飛行隊長となった。しかし彼の第27戦闘航空団第III飛行隊との関わり合いは前身の第27戦闘航空団第I飛行隊時代にまで遡る。デュルベルクは1944年7月20日に騎士鉄十字章を授かり、敗戦をオーストリアで第76戦闘航空団司令官として迎えたが、そのときまでに10機の4発重爆撃機を含むちょうど50機を撃墜した。この図の「機関砲ゴンドラ付」G-6、製造番号140139は、編隊長機を示す垂直尾翼全体の白を含めて、当時の規定に完全に則したマーキングが記入されている［訳注：図はサンド・フィルターが付いた状態を描いているが、ないのが正しい。またアンテナ・マストの直後にループ・アンテナが付き、マストは図34と同様に短い］。

29
Bf109G-6 trop　"白の9"　1943年12月　ギリシャ　カラマキ
第27戦闘航空団第7中隊長エーミール・クラーデ中尉

機関砲ゴンドラをつけたこの機体には、矢の刺さったリンゴを射撃照準器を通して見た状態を描いた第7中隊章が記入されている（ウイリアム・テルの古事を連想させるこの中隊章を制定した、クラーデの前任者のひとりはスイスと関係があるのだろうか？）。この機体は地中海戦域における、第27戦闘航空団の約3年におよぶ活動の終りも表している。数週間の後、第III飛行隊は北方のウイーンに撤退することになる。そこでは胴体の白い戦域帯が、明るい緑の本土防空標識帯に変わる。クラーデはこの撤退と大戦に生き残り、最終撃墜数は26機、それには4発爆撃機2機が含まれていた［訳注：図の機体は67ページの写真に写っているが、このときクラーデは"白の2"に搭乗していた。通常は"白の13"を使っていたと思われる］。

30
Bf109E-7 trop　"黒の8"　1941年夏　リビア　アイン・エル・ガザラ
ヴェルナー・シュロアー少尉　第27戦闘航空団第2中隊

もし上のG-6 tropが第27戦闘航空団の地中海方面からの撤退を象徴するなら、このE-7 tropは上面がサンドイエロー79の上にダークグリーン80の斑点を散らし、下面がライトブルー78の砂漠迷彩に塗られているところから、約3年前の北アフリカ砂漠への進出を表している。上面の塗装は、刺のある灌木が砂地に点在する、この地方の風景にうまく溶け込むことを意図している。機体番号は中隊色の赤で縁どられ、尾輪のタイヤが白く塗られているのに注目。この、まるで白いタイヤのような塗装は砂漠に到着した当初は多くの機体に見られたが、気取っているわけでなく、太陽熱を反射させゴムの寿命を延ばそうという真摯な試みのひとつであった［訳注：シュロアーは第1中隊に所属したのち、第I飛行隊付副官になったためこの機体は使っていないと思われ、フランツ・エレス軍曹の乗機と推定される］。

31
Bf109G-2 trop　"赤の1"　1943年2月ころ　ロードス島
第27戦闘航空団第8中隊長ヴェルナー・シュロアー大尉

シュロアーは短時間だけ第27戦闘航空団第I飛行隊付副官を務めたのち、1942年7月に第8中隊長となった。この図の機体に飛行隊章は描かれてないが、第III飛行隊を表す初期の波形マーキングが胴体後部に記入されている。このときまでにシュロアーの撃墜スコアは60機に達していた。その後少佐に進級し、大戦終結時は第3戦闘航空団（ウーデット）の航空団司令職にあったが、1945年4月16日付で剣柏葉付騎士鉄十字章を授かり、最終撃墜数は4発爆撃機26機を含む114機に達した［訳注：スピナーは1/3が白、残りは黒が正しく、カウリング下面は図24と同じく黄色に塗られている］。

32
Bf109E-7　"黄の5"　1941年5月　シチリア島ジェラ
第27戦闘航空団第9中隊長エアボ・フォン・カーゲネク中尉

マックス・ドビスラフが指揮する第27戦闘航空団第III飛行隊傘下の第9中隊長（アンテナマストに付いた金属製の白いペナントに注目）としてシチリアに短期間駐留していたあいだ、カーゲネクは中隊長機に相応しいマーキングの図のE-7を使っていた。この機体も図27と同様にバルカンと地中海方面の戦域マーキングが混在しているが、飛行隊章は描かれていない。カーゲネクは1941年10月26日付で柏葉付騎士鉄十字章を授かり、12月には第9中隊を率いて北アフリカに移動した。1941年12月24日にアジェダビア南方で、ハリケーンとの空戦で重傷を負いマクルムに不時着したが、この時の傷が元で1942年1月12日に移送先のナポリの病院で死亡した。最終撃墜数は67機で、最後の2機はアフリカにわたってからの戦果であった。カーゲネクは死亡した時点で第27戦闘航空団のトップ・エースだった［訳注：迷彩塗装は図5と同様の上面は71/02、下面は65が正しい。またスピナーの帯4本と方向舵は黄色である］。

33
Bf109G-6　"赤の13"　1943年9月　ギリシャ　カラマキ
ハインリヒ・バルテルス軍曹　第27戦闘航空団第11中隊

第27戦闘航空団第IV飛行隊は1943年5月にギリシャで編成され、1944年4月にハンガリーに移動するまで地中海東部で作戦していた。バルテルスの機関砲ゴンドラ付G-6は真新しい3色グレイ（74/75/76）迷彩で、平行な横棒2本という同飛行隊のユニークな飛行隊標識を国籍標識のうしろに記入している。ウインドシールドの下方に「マルガ」と女性名が記入されており、方向舵には45機撃墜の功で授与された騎士鉄十字章とともに、バルテルスのこの時点における56機の撃墜スコアが記入されている。彼は1944年12月23日にボン上空でP-47を撃墜した後に行方不明となったが、その時点での総撃墜数が99機に達していた。24年後の1968年にバルテルスの遺体がBf109G-10、製造番号130357（第27戦闘航空団第15中隊所属の"黄の13"でやはり「マルガ」と記されていた）のコクピットに、シートベルトを付けた状態で発見された［訳注：過給機空気取入口にサンド・フィルターが付いているのが正しい。また飛行隊標識は図31と同様の波形で、撃墜スコアは黒でなく赤で記入されていた］。

34
Bf109G-6　"黒のシェヴロンと三角"　1944年2月ころ　イタリア　トスカーニャ地方
第51戦闘航空団第II飛行隊長カール・ラメルト大尉

地中海戦域でBf109を駆使し勇名を馳せたもうひとつの名高い戦闘航空団が、第51戦闘航空団「メルダース（Mölders）」である。その第II飛行隊は1942年11月にチュニジアへ進出し、その後シチリア、イタリア本土、バルカン半島に転戦した。ラメルトのG-6は地中海の戦い後期における典型的な塗装例である。グレイ標準迷彩に第51戦闘航空団の鷹の頭をあしらった部隊章が付き、飛行隊長を示す黒いシェヴロンの内側に三角の標識、それに彼の個人マーキングがコクピット側面に記入されている。この機体は飛行隊標識を国籍標識の後方でなく機体番号等の記入位置より前方に記入する、という同飛行隊の通常とは異なる慣習も合わせて示している。ラメルトは1944年10月24日付で騎士鉄十字章を受章。12月25日に北イタリア上空でアメリカ陸軍第15航空軍のB-24を攻撃した際に重傷を負ったが大戦を生き延び、最終撃墜数は46機だった［訳注：方向舵は白で、32機分の撃墜スコアが記入されているのが正しい］。

35
Bf109G-2 trop　"白の5"　1942年11月　チュニジア

ビゼルタ　アントン・ハーフナー曹長　第51戦闘航空団第4中隊
"トニ"・ハーフナーのG-2は第Ⅱ飛行隊標識を機体番号の記入位置より前にやはり記入している。方向舵を見れば判るが、ハーフナーは東部戦線においてすでに62機を撃墜しており、地中海戦域に到着してから短期間で20機のスコアを追加した。その後彼は将校に進級し、第51戦闘航空団第Ⅲ飛行隊とともに東部戦線に戻っていった。ハーフナーは1944年4月11日付で柏葉付騎士鉄十字章を授かり、5月以降は第8中隊長を務めた。彼は1944年10月17日に東部プロイセンで低高度におけるヤコヴレフYak-9との空戦で戦死した。その後、敗戦まで半年以上のあいだに、第51戦闘航空団からはハーフナーの204機のスコアを凌ぐ者は現れなかった［訳注：図はG-2 tropとして描いているがサンド・フィルターがないG-2で、塗装は砂漠迷彩でなくグレイの三色迷彩74/75/76が正しい］。

36
Bf109G-6 trop "白の12"　1944年1月ころ
イタリア　トスカーニャ地方
ヴィルヘルム・ミンク上級曹長　第51戦闘航空団第4中隊
第51戦闘航空団第Ⅱ飛行隊に長期間所属した、やはり下士官パイロットであるミンクは1940年に英仏海峡で2度撃墜され、どちらの場合もドイツ海軍潜水艦に救助されたという経験をもつ。1942年3月19日付で騎士鉄十字章を授かり、1944年2月に空戦で負傷したのちは戦闘機パイロット訓練学校に移籍し、最後は第1戦訓練航空団に所属した。ミンクは1945年3月12日にデンマークで無武装のFw58による重要書類の輸送任務に付いていたとき、イギリス軍戦闘機に撃墜され戦死した。最終撃墜数は72機、この内64機はソ連機であった。

37
Bf109F-4 "黒のシェヴロン、三角と横棒"　1942年2月ころ
シチリア島コミソ　第53戦闘航空団航空団司令官
ギュンター・フォン・マルツァーン中佐
地中海戦域に進出した3個戦闘航空団の2番手として、第53戦闘航空団「ピーク=アス」（スペードのエース）は1941年12月に東部戦線から地中海へ移動した。1940年10月から1943年10月まで同航空団司令官を務め、男爵位をもつフォン・マルツァーンは第53戦闘航空団在任中に12機以上のBf109を使った。このF-4には国籍標識をはさんでその前後にある横棒を含めて航空団司令の標識が完璧に記入されており、その標識の起源は戦前の複葉機時代まで遡る。なお国籍標識の後にある横棒を第Ⅱ飛行隊標識と混同しないこと。"ヘンリ"・マルツァーンは1941年7月24日付で柏葉付騎士鉄十字章を授かり、大戦を生き抜いて図の55機にさらに13機の撃墜スコアを追加したが、それらはすべて第53戦闘航空団在任中にあげたものであった［訳注：スピナー先端はブラックグリーン70が正しい］。

38
Bf109G-6 "黒の二重シェヴロン"　1944年3月　北イタリア
マニアーゴ　第53戦闘航空団第Ⅰ飛行隊長ユルゲン・ハルダー少佐
長らく第53戦闘航空団の第7中隊に所属していたハルダー少佐は（図47・48も参照）、1944年2月15日付で第Ⅰ飛行隊長に昇進した。この図の機関砲ゴンドラ付G-6には、彼が以前使っていたBf109には記入されていた方向舵の撃墜マーキングがない。ハルダーは1945年1月に第11戦闘航空団司令官に任じられ、2月14日付で柏葉付騎士鉄十字章を授かったが、その3日後、空戦中に酸素系統の故障が原因でベルリン近郊に墜落し、戦死した［訳注：図ではアンテナマストがないが、キャノピー後部にアンテナマストが立っておりアンテナ張線はマストと尾翼との間に張られているのが正しい］。

39
Bf109G-2 trop "黄の13"　1943年1月　チュニジア　ビゼルタ
ヴィルヘルム・クリニウス少尉　第53戦闘航空団第3中隊
方向舵に東部戦線であげた撃墜スコア100機とその功により受章した柏葉付騎士鉄十字章を記入した、それに地中海戦域であげた14機を追加した

この"黄の13"、製造番号10804は、クリニウスが一時的に第Ⅰ飛行隊本部付勤務の後で第3中隊に戻ってくるときのために用意されていた。しかし彼は結局第3中隊には戻ってくることはなかった。なぜならば、1943年1月13日にチュニジア沿岸でアメリカ軍のスピットファイアに撃墜され、捕虜となったからである。その後この機体は、第26戦闘航空団第11中隊から転属してきたハンス=ゲーアハルト・オペル少尉の乗機となった［訳注：図40と同じく、カウリング下面は黄色に塗られているのが正しい］。

40
Bf109G-4 "黄の7"　1943年2月　チュニジア　ビゼルタ
第53戦闘航空団第3中隊長ヴォルフガング・トネ中尉
クリニウスはかつてトネ中隊長の僚機だった。そのトネの乗機はクリニウスと同様な撃墜マーキングで彩られている。すなわち、100機撃墜の功により受章した柏葉付騎士鉄十字章、101機目のソ連機、さらにチュニジアに進出してからの撃墜スコアである。トネのG-4は斑点でなく、ブラウン/グリーンの幅広の塗り分けで、コクピット周辺が塗り直されており、以前の機体番号を塗りつぶして"黄の7"が記入されている。撃墜数が122機に達した後、トネは乗機のG-6 製造番号16523 "黄の1"をチュニス近郊のプロヴィルに着陸させようとして墜落し、死亡した。

41
Bf109F-4 "白の1"　1942年7月　バンテレリア島
第53戦闘航空団第4中隊長ゲーアハルト・ミヒャルスキ中尉
グリーン/グレイの斑点（71/02）に塗られたミヒャルスキのF-4の方向舵には、地中海戦域に進出以前の東部戦線であげた14機を含む、42機の撃墜スコアが記入されている。彼はマルタ島上空でスピットファイアを16機撃墜した。ミヒャルスキは1944年11月25日付で柏葉付騎士鉄十字章を受章しており、大戦終結時は第4戦闘航空団の司令職にあった。4発爆撃機13機を含む73機を撃墜した一方で、自身も6回撃墜された。大戦を生き延びた彼であったが、皮肉にも敗戦から9カ月後に自動車事故で死亡した［訳注：スピナーは白でなくブラック・グリーン70が正しい］。

42
Bf109F-4 "黒の1"　1942年4月ころ　シチリア島コミソ
第53戦闘航空団第5中隊長クルト・ブレンドレ大尉
くっきりと塗り分けられたこのF-4には撃墜スコアが記入されてないが、ブレンドレは第53戦闘航空団第Ⅱ飛行隊に所属していた間に35機を撃墜した。彼はその後1942年5月に第3戦闘航空団第Ⅱ飛行隊長となってからさらに145機を撃墜することになり、1942年8月27日付で柏葉付騎士鉄十字章も受章する。しかし1943年11月3日にアムステルダムのシポール飛行場上空で、アメリカ第9航空軍の多数の護衛戦闘機に守られたB-26マローダーを攻撃したのち、北海上空で消息を絶った。数日後、海岸に打ち寄せられた彼の遺体が発見された。

43
Bf109F-4 "黒の2"　1942年8月　バンテレリア島
ヘルベルト・ロルヴァーゲ上級曹長　第53戦闘航空団第5中隊
ロルヴァーゲは第53戦闘航空団第Ⅱ飛行隊に所属していたあいだに71機を撃墜したが、最初にあげたソ連機12機のスコアの内1機は、のちに撃墜と認定されなかった。彼はその後、本土防空戦でアメリカ陸軍航空軍の爆撃機14機を撃墜する［訳注：図はF-4だがサンド・フィルターを付けたF-4 tropで、白帯幅はもっと広く、黒い横棒がそれからはみ出ていないのが正しい］。

44
Bf109G-6 "黒の2"　1943年12月　ウイーン近郊　ザイリング
ヘルベルト・ロルヴァーゲ上級曹長　第53戦闘航空団第5中隊
ロルヴァーゲはすでに第53戦闘航空団第5中隊のシュバルム・フューラー（4機編隊の長）になったことが白く塗られた方向舵からわかり、

彼が最初にあげた東部戦線での11機のスコアが赤い星付きで正しく記入されている。ロルヴァーゲは1943年7月10日の空戦で重傷を負ったが、傷が癒えた12月に古巣へ帰隊。彼は1945年1月21日付で柏葉付騎士鉄十字章を受章し、第106戦闘航空団第II飛行隊長として敗戦を迎えたが、総撃墜数は102機に達し内44機は4発爆撃機であった［訳注：胴体後部に本土防空部隊の所属であることを示す赤帯が入り、その中に白縁付きの黒い横棒が記入されているのが正しい。おそらく翼下面にMG151/20ゴンドラ武装を付けていると思われる］。

45
Bf109G-6 trop "黄の1" 1943年8月 イタリア カンチェロ
第53戦闘航空団第6中隊長アルフレート・ハマー大尉
この軽く斑点を散らした機関砲ゴンドラ付G-6は、ハマーの第6中隊長としての長い在職期間の最初に使った機体であった。彼は1945年1月9日に第53戦闘航空団第IV飛行隊長となったが、以後敗戦時までその職にあった。最終撃墜数は26機、2機の4発爆撃機が含まれていた。

46
Bf109G-6 "黒の二重シェヴロン" 1944年1月ころ イタリア オルヴィエート 第53戦闘航空団第III飛行隊長フランツ・ゲッツ少佐
この第53戦闘航空団第III飛行隊長を"アルテ・ファーター（おやじさん）"・ゲッツと呼ぶのは、戦闘機乗りとしては年がいっており（彼は1944年1月28日に31歳の誕生日を祝った）、あるいは前線部隊の長い勤務期間（1940年5月14日にモラヌ＝ソルニエMS406を撃墜したのが彼の最初のスコア）のためであって、そう思う人が居るかもしれないが、断じて彼の容貌のせいではない。図はその27カ月におよぶ第III飛行隊長としての在任期間の中間時点で使用していた機体であり、この時期の標準的な迷彩塗装とマーキングを示している。胴体国籍標識の十字架の部分が黒でなくダークグレイであることに注目。ゲッツは1942年9月4日付で騎士鉄十字章を受章し、1945年1月28日には第26戦闘航空団司令官となった。最終撃墜数は63機であった［訳注：カウリング下面は図45と同じく黄色に塗られているのが正しい］。

47
Bf109F-4 trop "白の5" 1942年6月 リビア
マルトゥバ ユルゲン・ハルダー少尉 第53戦闘航空団第7中隊
この"白の5"は標準的な砂漠迷彩と戦域標識に身を包んでいるが、図に示した17機の撃墜スコアの内10機は東部戦線で得たものであった。ハルダー三兄弟はみな戦闘機パイロットで全員が戦死している。コクピット側面に記入された名前は、ほぼ2年前の"イギリス本土航空戦"最盛期にワイト島上空で撃墜され戦死した、第53戦闘航空団第III飛行隊長ハロ・ハルダー大尉を追悼したものである［訳注：カウリング下面は図45と同じく黄色に塗られているのが正しい］。

48
Bf109G-4 trop "白の1" 1943年2月 シチリア島トラーパニ
第53戦闘航空団第7中隊長ユルゲン・ハルダー大尉
ハルダー大尉は1943年2月5日付で第53戦闘航空団第7中隊長となった。図のG-4は上の機体とは異なった迷彩塗装で16機の撃墜スコアが追加されているが、兄を追悼するために名前は残され、さらに幸運の四つ葉のクローバーをその下に記入している。しかしユルゲン・ハルダーはその幸運を1945年2月17日に使い果たし、戦死した（38図参照）［訳注：カウリング下面は図45と同じく黄色に塗られているのが正しい］。

49
Bf109F-4 "白の2" 1942年3月 シチリア島コミソ
ヘルマン・ノイホフ少尉 第53戦闘航空団第7中隊
やはり第53戦闘航空団第7中隊に属するノイホフのF-4は、同中隊が北アフリカに移動する前に標準塗装だった、グリーン／グレイ2色（71/02）のぼかした斑点で塗られている。方向舵に記入された36機の撃墜スコアのうち5機は、1941年12月に砂漠の戦いであげたスコアだった。マルタ島攻撃のためシチリアに移動してから、ノイホフはさらに4機のスコアを追加するが、1942年4月10日にルカ上空でヴェルナー・シェウ少尉にハリケーンと誤認されて撃墜され、戦争の残りの期間を捕虜として過ごすことになる。捕虜となったのちの6月16日付でノイホフには騎士鉄十字章が授けられた。一方、シュウ少尉は4カ月後にスターリングラード上空での空戦で行方不明となるまでに、かつて少尉が属したシュバルムの編隊長であったノイホフ誤認を含め15機を撃墜したが、ソ連機以外のスコアがこの1機だけかとういうことに関しては議論の余地がある［訳注：スピナー全体はブラックグリーン70が正しい］。

50
Bf109G-4 trop "黒の1" 1943年2月ころ チュニジア
チュニス・エル・アウィナ
第53戦闘航空団第8中隊長フランツ・シース中尉
いくらか乱雑に重ね塗りされてはいるが、この20mmゴンドラ武装付G-4は標準の砂漠迷彩に戻った。38機の撃墜スコアの大部分は前年までの航空団本部付副官時代にあげたものだろうか。航空団幹部標識の上から迷彩色を重ね塗りして消したのが判る。シースは1943年6月21日付で騎士鉄十字章を授けられ、9月2日にナポリ湾近くの海上でP-38に撃墜されるまでの第8中隊長を務めていたあいだに、さらに29機のスコアを追加した［訳注：カウリング下面は図49と同じく黄色に塗られているのが正しい］。

51
Bf109F-4 trop "黄の1" 1942年6月ころ リビア
マルトゥバ 第53戦闘航空団第9中隊長フランツ・ゲッツ中尉
砂漠迷彩の古典ともいえるライトブルー78の上にサンドイエロー79の砂漠迷彩に塗られた、F-4 tropは彼が第III飛行隊長に昇進する直前の乗機を示す。彼は1942年9月4日付で騎士鉄十字章を受章した［訳注：カウリング下面は図49と同じく黄色に塗られているのが正しい］。

52
Bf109F-4 "黒の二重シェヴロン" 1942年7月 シチリア島コミソ
第77戦闘航空団第I飛行隊長ハインツ・ベーア大尉
地中海戦域に進出した3つの戦闘航空団のしんがりを務め、またもっとも知名度が低い第77戦闘航空団は1942年10月までシチリアに駐留し、砂漠の戦いにおける最後の重要局面となった、エル・アラメインの戦いが始まる1カ月前にようやくアフリカに進出した。その後の第77戦闘航空団の命運は、チュニジアからシチリアそしてイタリア本土にわたるまでが、ハインツ・ベーアのような偉大なエースの奮戦にもかかわらず、整然とした退却とでもいうべきものであった。もっとも経験豊富なエクスペルテといえるベーアは開戦時から大戦終結直前まで第一線で戦い、1942年2月16日付で剣柏葉付騎士鉄十字章を授けられた。彼は曹長として第51戦闘航空団第I飛行隊に所属していた1939年9月25日にフランス軍のホーク75を撃墜して以来戦果を重ね続け、ドイツの敗戦間際にはJV44に所属する中佐としてMe262ジェット戦闘機を駆り、1945年4月28日に最後のスコアとなったP-47をバイエルン上空で撃墜した。その間に少なくとも218機以上の連合軍機が"プリッツル"・ベーアの銃口により撃墜された［訳注：迷彩塗装は図41と同様の上面ダークグリーン71／グレイ02、下面ライトブルー65で、カウリング下面は黄色が正しい］。

53
Bf109G-2 trop "黒のシェヴロン" 1943年1月ころ
南部チュニジア マトマタ
第77戦闘航空団第I飛行隊付副官ハインツ・エトガル・ベレス少尉
サンドイエロー79の上にオリーヴグリーン80の斑点を散らした真新しい迷彩塗装のベレス機には、飛行隊付副官の標識と赤いイギリス地図の上に白で大文字のLを飾り立てた飛行隊章が記入されている。この隊章は1942年1月に身前の第2教導戦闘航空団第I飛行隊から第

77戦闘航空団第I飛行隊に改称したのちも引き続き使用したものである。ベレスは1943年3月から第77戦闘航空団第1中隊長を務め、メッシーナ海峡を横断するJu52編隊の護衛任務に就いていた7月25日にイギリス軍のスピットファイアに撃墜されるまでに53機を撃墜した。ベレスには1943年9月1日付で騎士鉄十字章が追贈された。

54
Bf109G-6 "白の1" 1944年1月ころ イタリア北部
第77戦闘航空団第3中隊長エルンスト＝ヴィルヘルム・ライナート少尉
1943年1月から4月までの間に51機撃墜しチュニジア戦のトップ・エースに躍り出たライナートは、1943年12月に第3中隊長に昇格した。図のG-6には1943年4月に導入され、第77戦闘航空団「ヘルツ・アス(ハートのエース)」の由来となった航空団記章が記入されている。ライナートは1945年2月1日付で剣柏葉付騎士鉄十字章を授けられ、敗戦時まで第27戦闘航空団第IV飛行隊長を務めた。最終撃墜数は174機に達し16機の地上撃破も記録した[訳注：白いスピナーに黒い渦巻きは第II飛行隊を表すためライネルトの機体ではない。なお図の機体と同じく左翼下面に機体識別記号「B+F」が記入されたG-6の機体番号は11であり、胴体後部に白い横棒が入っている]。

55
Bf109G-2 trop "白の3" 1942年11月 エジプト ビル・エル・アブド
ホルスト・シュリック軍曹　第77戦闘航空団第1中隊
第77戦闘航空団が砂漠に進出した当初に適用された迷彩を塗られたこの製造番号10533は、エル・アラメインの戦いが終わったのちにビル・エル・アブドで遺棄された状態で発見された。国籍標識の後方に記入されたシンボルは第1中隊を表し、ポーランドの戦いが終わったのち、まだ第2教導戦闘航空団第1中隊だった当時に、ハロ・ハルダーによって導入された(図47、48を参照)。しかしその起源はハルダーがコンドル軍団に属してスペインにいたころまで遡ることができ、その当時はJ/88第1中隊章として使われていた。方向舵の撃墜スコアは東部戦線における2機が赤で(一部の資料によると黒で記入されているという)、マルタ上空での5機と砂漠に進出してからの1機が白で記入されている。シュリックはエル・アラメインの戦場をトラックで脱出したのち、大戦終結時までに33機を撃墜した。

56
Bf109E-4 "黒のシェヴロンと三角" 1941年4月
ブルガリア ラドミール
第2教導戦闘航空団第I飛行隊長ヘルベルト・イーレフェルト大尉
コンドル軍団に在籍中に9機撃墜のエースとなっていたイーレフェルトは、1938年に第2教導戦闘航空団第I飛行隊へ加わった。彼は1940年8月から1942年5月まで同飛行隊長を務め、この間に第77戦闘航空団第I飛行隊と改称された。1942年4月24日には101機撃墜の功で剣柏葉付騎士鉄十字章を授かった。図の機体はバルカン方面の戦域マーキングである黄色が方向舵、尾翼、細い胴体帯、翼端だけでなく翼後縁にも塗られている。この当時、同飛行隊が使用した機体は他の戦闘航空団からのお下がりであることを物語る、第52戦闘航空団の部隊章がウインドシールド下に記入されたままである。第77戦闘航空団を離れたのち、イーレフェルトは5個戦闘航空団の司令官を歴任し、最終撃墜数は132機であった[訳注：図はキャノピー枠が角張ったE-4として描いているが丸みを帯びたE-3が正しく、21ページ下の写真の機体と同じく胴体下面に方向探知機のアンテナカバーが付いている]。

57
Bf109G-6 trop "黒4" 1943年7月 シチリア島コミソ
ジュゼッペ・ルッツィン少尉　イタリア空軍第3戦闘大隊第154飛行隊
地中海戦域ではドイツ空軍だけでなく、イタリア軍の4個大隊もBf109を使用した。内訳はイタリア空軍(RA)で2個大隊、また大戦終結までドイツ軍とともに戦った共和国空軍(ANR)の2個大隊がそれぞれ使用した。本機の製造番号18096はかつてドイツ軍が使っていた機体であることを証明するものであり、白い胴体帯以外のすべてのドイツ軍マーキングは塗り消されている。イタリア空軍はステンシルの機体番号を記入しただけでなく、飛行隊番号を白帯の中に記入し、赤い悪魔をかたどった大隊記章をカウリングに、またサボイア王家を表す単純な十字を尾翼に記入した。この機体は通常イタリア空軍の所属機に記入されるマーキングの類いが一切ないことに注目すべきである。つまり通常胴体と翼に記入されるファスケス・シンボルが見当たらないのである[編注：ファスケス(fasces)。権標のこと。1本の斧を芯として枝鞭を束ね、革ひもでしばったもので、古代ローマの権力と団結の象徴。イタリア・ファシストのシンボルとして用いられ、ファシズムの語源ともなった。束桿ともいう]。また通常は尾翼の十字の中央に記入される都市の紋章もない。なお、イタリア空軍は個人主義を強く排除し、撃墜スコアも個人でなく部隊ごとのスコアとして記録した[訳注：カウリング下面は図60と同様に黄色に塗られているのが正しい]。

58
Bf109G-6 trop "白の7" 1943年5月 シチリア島サッカラ
イタリア空軍第150戦闘大隊第363飛行隊長ウーゴ・ドラーゴ中尉
イタリアの撃墜王ウーゴ・ドラーゴにとって「7」は幸運の番号であり、この図の機体では図57といえども異なった塗装になっている。ドイツ軍の国籍標識はすべて塗り消されて、翼下面にファスケス・シンボルがステンシルで記入され、飛行隊番号が通常の記入方法にしたがって描かれている。しかし、第150大隊章の「ジジ・トレ・オゼイ」は記入されてない。

59
Bf109G-10 1945年2月 イタリア
ロナーテ・ポッツォロ(ヴァレーゼ) イタリア社会主義共和国空軍第1戦闘大隊長アドリアーノ・ヴィスコンティ少佐
イタリアが連合軍と停戦した後も、ドイツ軍が占領して枢軸側に残った共和国の2個戦闘大隊には、ルフトヴァッフェの使い古したBf109が供された。この図に見られるように胴体の国籍標識と尾翼のハーケン・クロイツは塗り消されたが、翼下面のものは残してある。新しい国籍標識は緑・白・赤の三色で構成され、通常はこの図のように周囲に黄の縁取りが付く。旧イタリア空軍の第153戦闘大隊記章を流用した大隊記章である「クラブのエース」が機首に描かれている。この製造番号491356には機体番号が記入されていないが、のちに「3(緑)-4(白)」が胴体後部に記入される。ヴィスコンティは第1大隊に所属していたあいだに7機撃墜したが、旧イタリア空軍時代にすでに19機を撃墜していた。彼は1945年4月29日に大隊が降伏した直後にパルチザンによって殺害された(訳注：尾輪柱は短いのが正しい)。

60
Bf109G-6/U4 "黒の7" 1944年11月 イタリア アヴィアーノ
イタリア社会主義共和国空軍第2戦闘大隊第4中隊長ウーゴ・ドラーゴ大尉
モーターカノンに30mm機関砲を装備したこの機体では、後部胴体を広範囲にわたって再塗装されているがドイツ軍の国籍標識を胴体と翼上面に残しており、ラッキー・ナンバーの「7」を引続き使っている。巧みなデザインの「ジジ・トレ・オゼイ」記章を機首に白のステンシルで記入しているが、RAの第150大隊がリビアでドイツ空軍とヤークトヴァッフェとともに戦っていたときに記入された記章の簡略版である。これは戦前にオリンピック出場のグライダー・パイロットとしてある程度有名だった、ルイジ・"ジジ"・カネッペレー中尉を追悼したものであり、第3級グライダー・バッジと砂漠の椰子の木を組み合わせて図案化されている。ドラーゴは11機撃墜の共和国空軍のトップ・エースとして大戦を生きのびた。

パイロットの軍装　解説
figure plates

1
1942年2月のハンス=ヨアヒム・マルセイユ中尉
図は1942年2月22日付で騎士鉄十字章を受勲したころのハンス=ヨアヒム・マルセイユ中尉。砂漠仕様の略帽を被り、官給品でなく私的に買い求めたレザー・ジャケットの肩に階級章を付けている。マルセイユは空軍の官給品である飛行服のズボンと革靴を好み、夏のきわめて暑い時期には半ズボンで出撃した。カラーで擦れないように、首にはスカーフを巻いている［訳注：図では襟元に剣柏葉付騎士鉄十字章を描いているが、それをヒットラー自らの手で授けられ約2カ月の休暇後、アフリカに戻った8月22日から9月30日に事故死するまでのあいだは、暑い気候のためシャツの袖をまくり上げて半ズボン姿の軽装で出撃し、この図のような服装はしていない］。

2
砂漠に合った飛行用服装のドイツ戦闘機パイロット
1941年7月　リビア
砂漠の気候によく合った服装の典型的な戦闘機パイロット。カーキ色のシャツの上から初期の爆撃機搭乗員用のカポック入り救命胴衣を着け、空軍仕様の日除け帽側面には三角地に鷲とスワスチカの空軍記章を縫い付けて被り、太陽光から頭を保護している。この日除け帽は側面の記章以外はアフリカ軍団向けと同じものであった。色付ガラスの一体型ゴーグルが日除け帽の上に載っている。

3
1942年初冬のころのある少尉　リビア
1942年初め、この少尉はシープ・スキンで縁取りされたスエードのジャケットに肩章を付け、革手袋をはめている。空軍の官給品であるダブダブのズボンは日中の熱を遮るのにうってつけであり、夜間の寒さをもある程度は防いだ。腰に付けた拳銃はヴァルターP38に違いない。革とキャンバス地の靴を履いている。図では大変汚れているが、本来はてっぺんが白い帽子は夏服の一部として支給された。

4
第77戦闘航空団司令官ヨアヒム・ミュンヘベルク少佐
1942年秋　チュニジア
図のヨアヒム・ミュンヘベルク少佐は上下つなぎの飛行服の上から救命胴衣を付けている。襟元には剣柏葉付騎士鉄十字章が光り、袖に階級章を縫い付けている。制服のズボンは、時には図の様に裾を飛行長靴のなかにたくしこまないこともあり、護身用武器、ナイフ、地図といったものを収納するポケットが縫い付けられていた。官給品の砂漠用制帽はくたびれており、救命胴衣には膨ますために使う炭酸ガスボンベが下に、十分に膨らまない場合に息を吹き込むのに使うホースが上に付いている。

5
空軍向けとアフリカ軍団向けの官給品を身に付けたある中尉
空軍用とアフリカ軍団向けの官給品をまぜこぜに身に付けたこの中尉は、空軍記章を付けたアフリカ軍団用戦闘帽を被っている。伸縮自在の裾帯が付いた短い飛行士用ブラウスに階級章を縫い付け、首には騎士鉄十字章が光っている。砂漠向けの飛行ズボンは裾を革の飛行長靴につっこみ、左の靴には信号弾を詰めたゴム製の弾帯を巻き付けている。

6
第27戦闘航空団第II飛行隊のオットー・シュルツ曹長
1942年2月ころ
図はマルセイユと同じ日に騎士鉄十字章を受章したころの、第27戦闘航空団第II飛行隊のオットー・シュルツ曹長である。標準の下士官用略帽を被り、襟元には騎士鉄十字章を結び、肩に階級章が光っている。従軍記念略章を左の胸ポケットの上にピンで止め、その下方には功一級鉄十字章を付けており、ベルトのすぐ上にはパイロット記章（向かって左）と名誉負傷記章を誇らしげに付けている。上着はよれており、右の胸ポケットの上には布に刺繍された鷲とスワスチカの空軍記章が縫い付けられている。

◎著者紹介 | ジェリー・スカッツ　　Jerry Scutts

1960年代末から軍用機に関する執筆活動をはじめる。第二次大戦のアメリカ陸軍航空隊とドイツ空軍が専門だが、ほかにも第二次大戦のアメリカ海軍水上機からヴェトナム戦争のファントム戦闘機まで、幅広いテーマで40冊以上の著作がある。本シリーズのレギュラー執筆陣のひとり。

◎日本語版監修者紹介 | 渡辺洋二（わたなべようじ）

1950年愛知県名古屋市生まれ。立教大学文学部卒業。雑誌編集者を経て、現在は航空史の研究・調査と執筆に携わる。主な著書に『本土防空戦』『局地戦闘機雷電』『首都防衛302空』（上・下）『ジェット戦闘機Me262』（以上、朝日ソノラマ刊）。『航空ファン イラストレイテッド 写真史302空』（文林堂刊）、『重い飛行機雲』『異端の空』（文藝春秋刊）、『陸軍実験戦闘機隊』『零戦戦史「進撃篇」』（グリーンアロー出版社刊）など多数。訳書に『ドイツ夜間防空戦』（朝日ソノラマ刊）などがある。

◎訳者紹介 | 阿部孝一郎（あべこういちろう）

1948年新潟県三条市生まれ。東京理科大学工学部機械工学科卒業。電気会社に約23年間務めたのち、退職。現在は航空機技術史研究家。『スケール アヴィエーション』（大日本絵画刊）誌上で、メッサーシュミットBf109のF型、最後期型であるK-4/G-10と、フォッケウルフFw190D型についての研究を発表。

オスプレイ・ミリタリー・シリーズ
世界の戦闘機エース 5

メッサーシュミットのエース
北アフリカと地中海の戦い

発行日	2000年9月　初版第1刷
著者	ジェリー・スカッツ
訳者	阿部孝一郎
発行者	小川光二
発行所	株式会社大日本絵画 〒101-0054 東京都千代田区神田錦町1丁目7番地 電話：03-3294-7861 http://www.kaiga.co.jp
編集	株式会社アートボックス
装幀・デザイン	関口八重子
印刷/製本	大日本印刷株式会社

©1994 Osprey Publishing Limited
Printed in Japan
ISBN4-499-22728-3　C0076

BF 109 Aces of North Africa and the Mediterranean
Jerry Scutts
First published in Great Britain in 1994, by Osprey Publishing Ltd, Elms Court, Chapel Way, Botley, Oxford, OX2 9LP.
All rights reserved.
Japanese language translation
©2000 Dainippon Kaiga Co., Ltd.

ACKNOWLEDGEMENTS
Osprey duly acknowledge the published works of Christopher Shores and co-authors (Fighters over the Desert, Fighters over Tunisia and Malta and The Hurricane and Spitfire Years) and Eduard Neumann in the preparation of this manuscript.